BUCH DER UMWELTANALYTIK
Band 1

© 1990 by GIT VERLAG GMBH
D-6100 Darmstadt 11, Postfach 11 05 64
Alle Rechte vorbehalten, insbesondere das des öffentlichen Vortrags
und der fotomechanischen Wiedergabe auch einzelner Teile.
Satz: Konfotext, Fotosatz und Textlayout GmbH, 4019 Monheim
Druck: Topdruck, Bachmeier KG, 6940 Weinheim
Printed in Germany
ISBN 3-921956-72-2

BUCH DER UMWELTANALYTIK

Band 1

VON

HEWLETT-PACKARD

PROBENVORBEREITUNG
CHROMATOGRAPHISCHE UND SPEKTROSKOPISCHE METHODEN
INFORMATIONSSYSTEM

Herausgeber: Hewlett-Packard GmbH, 6380 Bad Homburg v. d. H.

Autoren: Heinz-Jürgen Brauch, Engler-Bunte-Institut der Universität Karlsruhe, 7500 Karlsruhe 1
Angelika Schädel, Jürgen Schulz, Wolfgang Günther, Jürgen Vogt, Roland Weber, Hewlett-Packard GmbH, Ermlisallee, 7517 Waldbronn
Ludwig Huber, Rainer Schuster, Bernd Glatz, Angelika Gratzfeld-Hüsgen, Hewlett-Packard GmbH, Hewlett-Packard-Straße, 7517 Waldbronn
Dietmar Lipinski, Hewlett-Packard GmbH, Hewlett-Packard-Straße, 6380 Bad Homburg v.d.H.

Inhalt

		Seite
1.	Einleitung	6
2.	Gesetzliche Grundlagen und Methoden	7
3.	Probenvorbereitung und analytische Bestimmungsverfahren für die Untersuchung von organischen Spurenstoffen in Wässern	9
3.1	Einleitung	9
3.2	Methodenübersicht	9
3.3	Beschreibung der Analysenmethoden	11
3.3.1	Polycyclische Kohlenwasserstoffe (PAK)	11
3.3.2	Leichtflüchtige Halogenkohlenwasserstoffe (LHKW)	12
3.3.3	Pflanzenbehandlungs- und Schädlingsbekämpfungsmittel (PSM)	14
3.3.3.1	Vorbemerkungen	14
3.3.3.2	Bestimmung der N- und P-haltigen PSM-Wirkstoffe mittels GC/NPD	15
3.3.3.3	Bestimmung der schwerflüchtigen Organochlorverbindungen	16
3.3.3.4	Bestimmung der Phenoxyalkancarbonsäuren	17
3.3.3.5	Bestimmung von flüchtigen PSM-Wirkstoffen	18
3.3.3.6	Zusammenfassende Folgerungen für die Bestimmung der PSM-Wirkstoffe	19
3.3.4	Flüchtige organische Substanzen	19
3.3.5	Schwerflüchtige organische Einzelstoffe	19
3.3.6	Anionische organische Komplexbildner	20
3.4	Zusammenfassende Folgerungen	21
4.	Applikationsbeispiele	23
4.1	Dioxin	23
4.2	Leichtflüchtige Halogenkohlenwasserstoffe und BTX-Aromaten	25
4.3	Lösungsmittel	32
4.4	Metallische und metallorganische Verbindungen	36
4.5	Pflanzenbehandlungsmittel	40

Seite

4.6	Polychlorierte Biphenyle	52
4.7	Polychlorphenole	55
4.8	Polycyclische aromatische Kohlenwasserstoffe	58
4.9	Schwefelhaltige Verbindungen	64
4.10	Stickstoffhaltige Verbindungen	64
5.	Umwelt-Informations-System	67
6.	AQUALIMS, eine Datenbank für das Wasserlabor	69

Vorwort

Grundlegende Voraussetzung jeglicher Schadstofforschung ist eine moderne, schnelle und zuverlässige Analytik. Dies ist umso bedeutsamer, da umweltanalytische Daten zunehmend als eine Entscheidungsgrundlage regulativer Maßnahmen herangezogen werden. Dadurch werden hinsichtlich der Schnelligkeit, der geforderten Nachweisgrenzen und der Genauigkeit besondere Anforderungen an die Erfassung von Schadstoffen im Spuren- und Ultraspurenbereich gestellt. Dieser hohe spezifische Anspruch an verläßliche Daten hat dazu geführt, daß sich die Umweltanalytik zu einem eigenständigen Bereich der instrumentellen Analytik entwickelt hat.

Die Vielzahl der Verfahren, die dem Analytiker mittlerweile zur Verfügung stehen, machen zusammenfassende Darstellungen der verfügbaren Methoden immer dringlicher. Einen wichtigen Beitrag auf diesem Gebiet liefert die vorliegende Sammlung chromatographischer und spektroskopischer Methoden, die in dem „Buch der Umweltanalytik" für Geräte der Firma Hewlett-Packard dargestellt sind. In prägnanter Form wird ein Überblick über den aktuellen Stand der wichtigsten instrumentellen Techniken gegeben. Die Applikationsbeispiele berücksichtigen bewußt Stoffe, die im Mittelpunkt des öffentlichen Interesses stehen: Dioxine, polychlorierte Biphenyle, leichtflüchtige Chlor-Kohlenwasserstoffe, Organometallverbindungen, Lösungsmittel etc. Die Beispiele zeigen eindrucksvoll die Leistungsfähigkeit der heutigen Analytik und lassen durch die ausführlich dargestellten Kopplungstechniken wie GC/MSD/FTIR, GC/FTIR, GC/AED zukünftige Entwicklungslinien der Analytik deutlich werden.

Umweltanalytik, gesetzliche Vorschriften und Richtlinien sind nicht mehr voneinander zu trennen und finden daher in dem vorliegenden Buch die gebührende Erwähnung.

Das „Buch der Umweltanalytik" richtet sich an alle, die auf dem Gebiet der Umweltanalytik tätig sind. Ihnen wird dadurch eine Möglichkeit gegeben, den Überblick über dieses gesamte, sehr wichtige Gebiet zu behalten.

Prof. Dr. Hutzinger

1. Einleitung

Der Umweltschutz nimmt in unserer Gesellschaft einen immer größer werdenden Stellenwert ein. Tägliche Pressemeldungen über Störfälle und Umweltkatastrophen führen den leichtfertigen Umgang mit Chemikalien und Rohstoffen vor Augen. Um Wasser, Boden, Luft, Pflanzen- und Tierwelt vor weiteren schädlichen Einwirkungen zu schützen, sind vor allem die Politiker gefordert. Aber auch die Analytik muß wachsenden Ansprüchen gerecht werden, damit selbst geringste Konzentrationen an Schadstoffen zuverlässig erkannt werden können. Neue Gesetze und Verordnungen, sowie niedrigere Grenzwerte und zusätzlich zu bestimmende Substanzklassen, spiegeln dieses Interesse wieder.

Ein umfassender Umweltschutz muß alle Bereiche unseres Ökosystems umfassen; Luftreinhaltung, Lärmbekämpfung, Bodenschutz, Kontrolle der Abfallwirtschaft und Wasserqualität ebenso wie Naturschutz und Landschaftspflege.

Für den Analytiker ist besonders der Nachweis von Umweltchemikalien relevant. Unter Umweltchemikalien sind chemische Produkte, die bei ihrer Herstellung, während oder nach ihrer Anwendung in die Umwelt gelangen, zu verstehen. Seit 1982, nach Erlaß des Chemikaliengesetzes, müssen Stoffe, die erstmals in den Handel gebracht werden, auf mögliche Gesundheitsgefahren untersucht werden. Vor 1982, und dies betrifft bei weitem den größten Teil der über eine Million bekannten Substanzen, wurden Chemikalien nicht oder nur unzureichend auf ihre Gefährlichkeit untersucht. Diese Stoffe befinden sich heute verteilt in allen Umweltbereichen.

Hier werden nur einige wenige bekannte Beispiele erwähnt. Der Anteil schwer abbaubarer organischer Schadstoffe in Wasser ist hoch mit steigender Tendenz. Die Verunreinigung der Luft mit Fluor-Chlor-Kohlenwasserstoffen wird für die Zerstörung der Ozonschicht verantwortlich gemacht. Pflanzenbehandlungsmittel wurden bereits in Spuren im Grundwasser gemessen. Klärschlamm enthält hohe Konzentrationen an Schwermetallen. Das Abfallaufkommen nimmt zu, und in Zukunft wird das Problem der Altlasten eine immer größere Rolle spielen.

Diese Vielzahl an Verbindungsklassen, die Metabolitenbildung durch Umwelteinflüsse sowie die niedrigen Konzentrationen stellen die instrumentelle Analytik vor neue Aufgaben und erfordern zudem eine aufwendige Probenvorbereitung.

Abgesehen von Parametern, wie chemischer und biologischer Sauerstoffbedarf, Gesamtkohlenstoffgehalt, pH usw. kommen als Methoden besonders die Chromatographie und die Spektroskopie in Betracht.

Hier ist die Gaschromatographie in Verbindung mit verschiedenen Detektoren zu nennen, zum Beispiel dem Stickstoff/Phosphor-Detektor (NPD) oder dem sehr empfindlichen Elektroneneinfangdetektor (ECD). Für Umweltanalysen besonders geeignet ist auch der neue Atomemissionsdetektor (AED), der in komplexen Matrices Elemente selektiv und spezifisch bestimmt. Besonders häufig eingesetzt wird die Kombination Gaschromatographie-Massenspektrometrie, die es ermöglicht, Substanzen ausgesprochen zuverlässig zu identifizieren. Der Anteil der Hochleistungsflüssigkeitschromatographie in der Umweltanalytik ist zunehmend. Übliche Detektoren sind der UV/VIS- oder der Fluoreszenzdetektor. Durch zusätzlichen Einsatz eines Diodenarraydetektors oder eines Massenspektrometers (Particle Beam- oder Thermospray-Interface) lassen sich Analysenergebnisse anhand der gemessenen Spektren eindeutig absichern.

Eine vielseitig anwendbare Methode ist die UV/VIS-Spektroskopie. Nach Umsetzung zu Farbkomplexen können die verschiedensten Verbindungsklassen erfaßt werden. Die quantitative Bestimmung der einzelnen Substanzen in Mischungen ist mit der Mehrkomponentenanalyse möglich.

Dieses Buch möchte Ihnen einen Einblick in das große Gebiet der instrumentellen Analytik im Umweltbereich geben. Beispiele sind Pestizid- oder Dioxinanalytik. Neue Methoden für weitere Substanzklassen befinden sich in Bearbeitung.

2. Gesetzliche Grundlagen und Methoden

Das wachsende Umweltbewußtsein der Bevölkerung führt zu neuen Gesetzen und Verordnungen. Viele der bestehenden Vorschriften werden zur Zeit neu bearbeitet. Grenzwerte und vorgeschriebene Meßmethoden unterliegen daher ständigen Veränderungen. Hier werden nur einige der wichtigsten Gesetze und Verordnungen im Umweltbereich genannt.

Wasser

Wasserhaushaltsgesetz vom 23.9.1986, Bundesgesetzblatt 1986, Teil I, S. 1529 (1654). Das Gesetz zur Ordnung des Wasserhaushalts regelt die Benutzung der oberirdischen Gewässer, der Küstengewässer und des Grundwassers. Das Entnehmen von Wasser oder das Einbringen von Stoffen sind genehmigungspflichtig. Mindestanforderungen an das Einleiten von Abwasser sind einzuhalten (Direkteinleiter- und Indirekteinleiterverordnung).

Abwasserabgabengesetz vom 19.3.1987, Bundesgesetzblatt 1987, Teil I, S. 881. Einleiter von Abwasser (Gemeinden, Industrie) müssen eine Abwasserabgabe bezahlen. Die Höhe der Gebühr richtet sich nach der Schädlichkeit der Einleitung (CSB, AOX, Schwermetallgehalt, Fischgiftigkeit).

Trinkwasserverordnung vom 22.5.1986, Bundesgesetzblatt 1986, Teil I, S. 760. Die Trinkwasserverordnung beschreibt auf der Grundlage des Bundesseuchengesetzes und des Lebensmittel- und Bedarfsgegenstandegesetzes die Pflichten der Wasserversorgungsunternehmen und die Überwachung durch das Gesundheitsamt. Grenzwerte für Wasserinhaltsstoffe wurden festgelegt.

Abfall

Abfallgesetz vom 27.8.1986, Bundesgesetzblatt 1986, Teil I, S. 1410. Das Abfallgesetz regelt die Vermeidung und Entsorgung von Abfällen.

Klärschlammverordnung vom 25.6.1982, Bundesgesetzblatt 1982, Teil I, S. 734. Die Verordnung regelt das Aufbringen von Klärschlamm auf Nutzungsflächen und beinhaltet Grenzwerte für sieben Schwermetalle.

Technische Anleitung zur Abfallentsorgung. Die TA Abfall wird die Entsorgung von Abfällen, besonders von Sonderabfällen, regeln. Sie befindet sich zur Zeit in Bearbeitung.

Luft

Bundes-Immissionsschutzgesetz vom 25.7.1986, Bundesgesetzblatt 1986, Teil I, S. 1165. Dieses bundeseinheitliche Gesetz zur Luftreinhaltung und Lärmbekämpfung enthält u.a. Bestimmungen über die Errichtung und den Betrieb umweltgefährdender Anlagen, die Beschaffenheit und den Betrieb umweltgefährdender Fahrzeuge und Luftreinhaltepläne für Belastungsgebiete.

Technische Anleitung zur Reinhaltung der Luft. Die TA Luft enthält Vorschriften zur Genehmigung und Überwachung von Anlagen, insbesondere Emissionswerte für staub- und gasförmige Stoffe, sowie Immissionswerte.

Methoden

Deutsche Einheitsverfahren zur Wasser-, Abwasser und Schlammuntersuchung.
Herausgegeben von der Fachgruppe Wasserchemie in der Gesellschaft Deutscher Chemiker,
Verlag Chemie, Weinheim.

VDI/VDE-Richtlinien. VDI-Verlag GmbH, Düsseldorf, Beuth Verlag, Berlin, Köln.

DIN-Normen. Herausgegeben vom Deutschen Institut für Normung e.V., Berlin,
Beuth Verlag, Berlin, Köln.

Liegen keine deutschen Verfahren vor, werden auch Methoden internationaler Organisationen
verwendet:

AOAC   Association of Official Analytical Chemists
ASTM   American Society for Testing and Materials
EPA   United States Environmental Protection Agency
ISO   International Standard Organization

3. Probenvorbereitung und analytische Bestimmungsverfahren für die Untersuchung von organischen Spurenstoffen in Wässern

3.1 Einleitung

Der Nachweis und die quantitative Bestimmung von organischen Spurenstoffen haben in den letzten Jahren in der Wasseranalytik große Bedeutung erlangt. Die Gründe hierfür waren die beachtlichen Fortschritte in der analytischen Meßtechnik bei der Erfassung sehr geringer Probemengen und die dadurch ausgelösten Befunde über das Vorkommen von z.T. toxischen organischen Stoffen in aquatischen Systemen. Diese negativen Einflüsse auf die Wasserqualität haben dazu geführt, daß der Gesetzgeber Verordnungen und Richtlinien erlassen hat, um den Eintrag derartiger Stoffe in die Gewässer zu minimieren bzw. ihr Vorhandensein regelmäßig zu überwachen. In der neuen Trinkwasserverordnung vom 22. Mai 1986 sind Grenzwerte für eine Reihe von organischen Stoffen, z.B. für polycyclische aromatische Kohlenwasserstoffe (PAK), leichtflüchtige Halogenkohlenwasserstoffe (HKW) und chemische Stoffe zur Pflanzenbehandlung und Schädlingsbekämpfung (PSM) festgelegt worden, die im Trinkwasser nicht überschritten werden dürfen. Daraus resultieren laufende Kontrollen der Trinkwässer und auch der Rohwässer auf verschiedene organische Stoffe.

3.2 Methodenübersicht

Organische Verbindungen lassen sich prinzipiell entweder als definierte Einzelsubstanzen oder summarisch über gruppenspezifische Charakterisierungsgrößen bestimmen. In der Wasseranalytik unterscheidet man daher zwischen organischen Summen- und Gruppenparametern und der sog. Einzelsubstanzbestimmung. Zu den summarischen Parametern gehören insbesondere der DOC (Dissolved Organic Carbon), der CSB (Chemischer Sauerstoffbedarf) und der AOX (Adsorbable Organic Halogen). Daneben gibt es noch eine Reihe weiterer summarischer Meßgrößen, wie z.B. den BSB_5 (Biologischer Sauerstoffbedarf nach fünf Tagen), den SAK(254) (Spektraler Absorptionskoeffizient bei 254 nm) und den AOS (Adsorbable Organic Sulphur). Diese summarischen Parameter sind teilweise schon vor Jahren in die Wasseranalytik eingeführt worden und haben sich dort vor allem zur Beurteilung der organischen Belastung von Gewässern bewährt. Zur Überwachung von Einzelsubstanzen sind sie in der Regel nicht geeignet.

Toxikologische Untersuchungen bzw. die laufende Kontrolle von bestimmten Einzelstoffen in Gewässern können nur mittels der Einzelsubstanzanalytik durchgeführt werden. Da die zu untersuchenden organischen Einzelstoffe in der Regel nur in geringen bzw. äußerst geringen Konzentrationen vorliegen, ist eine aufwendige Probenvorbereitung unerläßlich. Ein allgemeines Analysenschema für die Bestimmung organischer Spurenstoffe ist in Abbildung 1 gegeben.

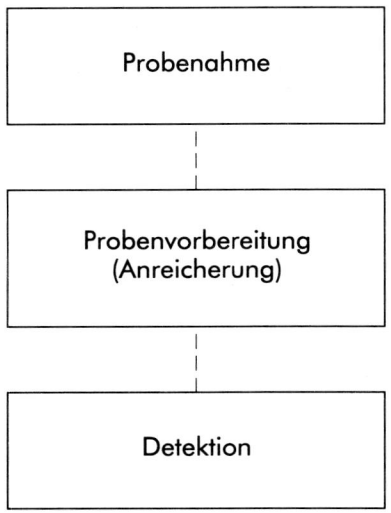

Abbildung 1
Analysenschema für die Bestimmung organischer Spurenstoffe

Bereits die Entnahme der Wasserproben muß unbedingt auf die nachfolgende Probenvorbereitung und Detektion abgestimmt werden, um richtige Ergebnisse zu erhalten und Kontaminationen zu vermeiden. Insbesondere bei der aufwendigen Spurenanalytik sollten die Ergebnisse nicht durch Probenahmefehler in Zweifel gezogen werden können.

Nachfolgend werden für eine Reihe von wichtigen organischen Einzelsubstanzen Analysenmethoden beschrieben, soweit sie in der Routineanalytik einzusetzen sind. Es handelt sich um Analysenverfahren für:

- Polycyclische Aromatische Kohlenwasserstoffe (PAK)
- Leichtflüchtige Halogenkohlenwasserstoffe (LHKW)
- Pflanzenbehandlungs- und Schädlingsbekämpfungsmittel (PSM)
- Flüchtige organische Einzelstoffe
- Schwerflüchtige organische Einzelstoffe
- Anionische organische Komplexbildner.

Generell werden nach den entsprechenden Anreicherungsverfahren chromatographische Trennsysteme verwendet, wobei insbesondere die Gaschromatographie (GC) mit verschiedenen Detektoren, die Hochdruckflüssigkeitschromatographie (HPLC) und auch die Dünnschichtchromatographie (DC) zum Einsatz kommen.

3.3 Beschreibung der Analysenmethoden

3.3.1 Polycyclische Aromatische Kohlenwassertoffe (PAK)

In der Anlage 2 Nr. 11 der Trinkwasserverordnung (TVO) ist ein Grenzwert für polycyclische aromatische Kohlenwasserstoffe festgelegt, der für die angegebenen sechs Einzelverbindungen 0,2 µg/l bei einem zulässigen Fehler des Meßwertes von 0.04 µg/l beträgt.

Tabelle 1
Grenzwerte für polycyclische aromatische Kohlenwasserstoffe
(TVO vom 22. Mai 1986)

	Grenzwert mg/l	zulässiger Fehler ± mg/l
Polycyclische aromatische Kohlenwasserstoffe	0,0002	0,00004
- Fluoranthen		
- Benzo-(b)-Fluoranthen		
- Benzo-(k)-Fluoranthen		
- Benzo-(a)-Pyren		
- Benzo-(ghi)-Perylen		
- Indeno-(1,2,3-cd)-Pyren		

Die Tabelle 2 gibt einen Überblick über die üblichen analytischen Bestimmungsmethoden.

Tabelle 2
Bestimmung von polycyclischen aromatischen Kohlenwasserstoffen (PAK)

Probenvorbereitung:	flüssig/flüssig-Extraktion mit Cyclohexan, Clean-up
Analyse:	- zweidimensionale Dünnschichtchromatographie 1) qualitativer Nachweis (DIN 38409-H13-1) 2) Auswahltest (Schnelltest) (DIN 38409-H13-2) 3) quantitative Bestimmung (DIN 38409-H13-3) - Hochdruckflüssigkeitschromatographie (HPLC) mit wellenlängenprogrammierter Fluoreszenzdetektion

Die Probenvorbereitung bzw. Anreicherung erfolgt im allgemeinen mittels flüssig/flüssig-Extraktion, wobei von einem Probevolumen von 2000 ml und 50 ml Cyclohexan ausgegangen wird. Nach Clean-up über Aluminiumoxid können die PAK sowohl qualitativ (Methode 1) als auch quantitativ (Methode 3) bestimmt werden. Für Trinkwässer, die trübstofffrei sind, wird häufig der Schnelltest verwendet (Methode 2). Es wird hierbei eine halbquantitative Bestimmung durchgeführt, wobei letztlich nur festgestellt wird, ob der PAK-Gesamtgehalt 2 ng/l beträgt.

Eine modernere und leistungsfähigere Analysenmethode ist die Bestimmung mittels HPLC in Verbindung mit einer wellenlängenprogrammierten Fluoreszenzdetektion. Der Nachweis der sechs Einzelverbindungen (vgl. Tabelle 1) ist problemlos möglich, da entsprechende HPLC-Trennsäulen zur Verfügung stehen. Einzelheiten der HPLC-Methode sind in Tabelle 3 angegeben.

Tabelle 3
Analysenbedingungen der PAK-Bestimmung mittels HPLC

Säule:	Supelcosil LC-PAH, 5 µm (250 x 4,6 mm)		
Eluent:	Zeit (min)	Wasser	Acetonitril
	0	50 %	50 %
	20	10 %	90 %
	25	0 %	100 %
Flow:	1,5 ml/min		
Injektionsvolumen:	25 µl		
Detektor:	zeitprogrammierte Fluoreszenzdetektion bei verschiedenen Wellenlängen		
Analysendauer:	36 min		

Mit der HPLC können auch die insgesamt 16 PAK der EPA-Liste getrennt und quantitativ bestimmt werden, auch wenn diese Bestimmung vergleichsweise aufwendiger und schwieriger ist, da u.U. Trennprobleme auftreten und eine genau abgestimmte wellenlängenprogrammierte Fluoreszenzdetektion erfolgen muß. Im übrigen lassen sich die PAK auch mit der Gaschromatographie trennen, wobei die Verwendung von Wasserstoff als Trägergas vorteilhaft ist.

3.3.2 Leichtflüchtige Halogenkohlenwasserstoffe (LHKW)

Die analytische Bestimmung von leichtflüchtigen Chlor- bzw. Halogenkohlenwasserstoffen in Wasserproben ist im Prinzip recht einfach und inzwischen auch weit verbreitet. Zur Abtrennung der LHKW aus der wäßrigen Phase werden entweder die flüssig/flüssig-Extraktion mit n-Pentan oder die Headspace-Technik verwendet. Für die Extraktionsmethode gibt es bereits einen DIN-Entwurf (DIN 38407 Teil 4).

Im allgemeinen werden 100 ml einer Wasserprobe (Trink-, Grund- bzw. Oberflächenwasser) nach intensiver Durchmischung mit 1 ml n-Pentan extrahiert und 1-2 µl des Extrakts in einen Gaschromatographen injiziert. Die Einzelsubstanzen werden nach Trennung in einer Hochleistungstrennsäule mit Hilfe eines ECD erfaßt. Einzelheiten dieser Analysenmethode sind der Tabelle 4 zu entnehmen.

Tabelle 4
Bestimmung von leichtflüchtigen Halogenkohlenwasserstoffen

Probenvorbereitung	
flüssig/flüssig-Extraktion Probevolumen:	100 ml
Extraktionsmittel:	n-Pentan, 1 ml
Analysenbedingungen	
Gaschromatograph:	HP 5890
Säule:	DB 624, Megabore 0,53 mm, 30 m Filmdicke 1 µm
Injektor:	Split/Splitless, Autosampler 250°C
Injektionsvolumen:	1-2 µl
Trägergas:	Argon/Methan 90/10
Detektor:	ECD, 320°C
Temperaturprogramm:	40 - 50°C mit 3°C/min 50 - 75°C mit 4°C/min 75 - 150°C mit 8°C/min
Analysendauer:	ca. 22 min
Auswertung	Datensystem bzw. Integrator, interner Standard

Selbstverständlich können je nach Aufgabenstellung und geforderter Trennleistung verschiedene andere Säulen bzw. Phasen eingesetzt werden. Auch das Temperaturprogramm usw. ist im Einzelfall dem vorgegebenen Trennproblem optimal anzupassen. In der Tabelle 5 sind für eine Reihe von LHKW die Bestimmungsgrenzen aufgeführt, die im Routinebetrieb erhalten werden.

Tabelle 5
Bestimmungsgrenzen von LHKW

Substanz	Bestimmungsgrenze mg/cbm
Dichlormethan (Methylenchlorid)	5
Trichlormethan (Chloroform)	0,1
Tetrachlormethan (Tetrachlorkohlenstoff)	0,1
Bromdichlormethan	0,1
Dibromchlormethan	0,1
Tribrommethan	0,1
Trichlornitromethan	0,1
1,1-Dichlorethan	1
1,1-Dichlorethen	1
cis-1,2-Dichlorethen	10
trans-1,2-Dichlorethen	5
1,1,1-Trichlorethan	0,1
1,1,2-Trichlortrifluorethan	0,1
Trichlorethen	0,1
Tetrachlorethen	0,1

Die erreichbaren Bestimmungsgrenzen liegen zwischen 0,1 und 10 µg/l. Bei den niederchlorierten LHKW (1 bzw. 2 Chloratome pro Molekül) ist u.U. der Flammenionisationsdetektor (FID) empfindlicher.

Generell sollte bei der LHKW-Analytik besonders darauf geachtet werden, daß keine Verluste, z.B. bei der Probenvorbereitung durch Ausgasen, entstehen. Auch evtl. Blindwerte sind bei der Messung mit zu berücksichtigen. Da auch die Wiederfindungsraten bzw. die Extraktausbeuten der einzelnen Verbindungen recht unterschiedlich sind, ist eine sorgfältige und genaue Auswertung über Mehrpunkteichung und internen Standard (z.B. Trichlorbrommethan) unbedingt anzuraten.

Für die Bestimmung der sehr leichtflüchtigen HKW, wie z.B. Vinylchlorid bzw. die fluorierten Substanzen (FHKW), ist nach unseren Erfahrungen die Headspace-Technik der Extraktionsmethode vorzuziehen. Die Analysenbedingungen finden sich in der Tabelle 6.

Tabelle 6
Analysenbedingungen für die Bestimmung von Vinylchlorid bzw. den FHKW

Probenvorbereitung	
Headspace-Technik	
Probevolumen:	10 ml
Analysenbedingungen	
Gaschromatograph:	HP 5890
Säule:	GSQ, Megabore 0,53 mm, 30 m Filmdicke 1 µm
Injektor:	Split/Splitless, 250°C
Injektionsvolumen:	1 ml
Trägergas:	N_2 (bzw. Argon/Methan 90/10)
Detektor:	FID 260°C (bzw. ECD 320°C)
Temperaturprogramm:	100°C - 3.5 min 100 - 150°C mit 5°C/min 150°C - 3,5 min
Analysendauer:	17 min
Auswertung	Datensystem bzw. Integrator, externer Standard

Zusammenfassend kann festgestellt werden, daß die Hauptprobleme bei der LHKW-Analytik nicht in der gaschromatographischen Trennung und Detektion liegen, sondern das "Handling" mit leichtflüchtigen Stoffen von der Probenahme bis zur Messung einschließlich dem Herstellen der Referenzlösungen eine gewisse Erfahrung erfordert.

3.3.3 Pflanzenbehandlungs- und Schädlingsbekämpfungsmittel (PSM)

3.3.3.1 Vorbemerkungen

In der neugefaßten Trinkwasserverordnung, die am 1. Oktober 1986 in Kraft getreten ist, wurden erstmals in Anlage 2 Nr. 13, Grenzwerte für chemische Stoffe zur Pflanzenbehandlung und Schädlingsbekämpfung einschließlich toxischer Hauptabbauprodukte festgelegt, die pro Einzelsubstanz 0,1 µg/l und in der Summe 0,5 µg/l betragen. Insbesondere aufgrund analytischer Schwierigkeiten sind diese Grenzwerte für die Dauer von drei Jahren ausgesetzt worden. Wenn auch diese

Grenzwerte vor allem aus Vorsorgegründen in die Trinkwasserverordnung Eingang gefunden haben und toxikologisch nicht begründet werden können, sind die Wasserversorgungsunternehmen ab 1. Oktober 1989 verpflichtet, auch die Grenzwerte für Pflanzenbehandlungs- und Schädlingsbekämpfungsmittel (PSM) einzuhalten (Paragraph 27 Abs. 2 TrinkwV).

Die Überwachung und Kontrolle von Trink- und Grundwässern auf PSM erfordern spezielle Methoden der organischen Spurenanalytik, die nur in sehr gut ausgerüsteten Laboratorien mit entsprechender Erfahrung zur Verfügung stehen. Von den insgesamt 296 zugelassenen Wirkstoffen (Stand April 1988) sind z.Zt. nur für wenige Wirkstoffe ausreichend erprobte und abgesicherte Analysenverfahren im geforderten Konzentrationsbereich 0,1 µg/l bekannt. Die für pflanzliche und tierische Materialien erarbeiteten Methoden der Rückstandsanalytik lassen sich nicht ohne weiteres auf Trink- bzw. Grundwässer übertragen, da vor allem im Trinkwasserbereich deutlich niedrigere Nachweis- und Bestimmungsgrenzen erreicht werden müssen. Erschwerend kommt hinzu, daß die Palette der zu analysierenden PSM praktisch die gesamte organische Chemie umfaßt und die einzelnen Wirkstoffe von den physikalisch-chemischen Eigenschaften her z.T. sehr unterschiedlich sind. Auch die anderen in Gewässern zu findenden organischen Mikroverunreinigungen können die eindeutige Identifizierung der Pestizide und ihre Quantifizierung stören, so daß aufwendige Reinigungsschritte und Trennverfahren notwendig sind.

Für die Analytik der PSM in Grund- und Trinkwässern stehen in der Regel noch keine allgemein anerkannten und genormten Verfahren zur Verfügung. Zur Probenvorbereitung bzw. zur Anreicherung der Wirkstoffe werden vor allem Extraktionsverfahren mit unterschiedlich polaren Lösungsmitteln sowie Adsorptionsverfahren an XAD-Harzen bzw. RP-Phasen eingesetzt. Insbesondere die Sorption bzw. Festphasen-Extraktion (SP-Extraktion) an der RP-C_{18}-Phase wird heute häufig zur Probenvorbereitung verwendet. Die gebräuchlichsten Analysensysteme sind die Kapillargaschromatographie mit verschiedenen Detektoren (ECD, NPD, MS) sowie die Hochdruckflüssigkeitschromatographie (HPLC) mit UV- oder Dioden-Array-Detektor (DAD). Aktuelle Probleme in der PSM-Analytik sind häufig Trennprobleme, z.T. ungenügende Selektivität und Sensitivität der Detektoren und oftmals nur relativ unsichere Identifizierungen der Wirkstoffe. Bei GC-Analysen können diese Schwierigkeiten weitgehend durch Verwendung längerer Kapillarsäulen in Verbindung mit der 2-Säulentechnik bzw. mit Hilfe eines Massenspektrometers überwunden werden.

Nachfolgend werden für verschiedene Substanzklassen Analysenverfahren beschrieben, die eine quantitative Bestimmung der entsprechenden Wirkstoffe im Konzentrationsbereich 0,1 µg/l erlauben.

3.3.3.2 Bestimmung der N- und P-haltigen PSM-Wirkstoffe mittels GC/NPD

Probenahme: Die aus dem Grund- und Trinkwasserbereich entnommenen Proben sind in der Regel frei von Trübstoffen. Bei Proben von Oberflächenwässern sollte vor der Anreicherung auf der C18-Phase über Glasfaserfilter zur Entfernung der Trübstoffe filtriert werden. Die Wasserproben sollten in Glasflaschen gesammelt und gekühlt (4°C) bis zur Analyse aufbewahrt werden.

Probenaufbereitung: Die Originalprobe (bei Oberflächen-, Grund- und Trinkwässern 1000 ml) wird mit Unterdruck durch eine zuvor konditionierte Säule (Länge l = 100 mm; Durchmesser d = 10 mm), die mit mindestens 1 g C_{18}-Material gefüllt ist, geschickt. Nach Durchlauf der Wasserprobe (Zeitdauer 1 - 1,5 h) und Trocknung im Stickstoffstrom (ca. 30 min) erfolgt die Elution zunächst mit 1 ml Essigsäureethylester und dann mit 1 ml Aceton nach jeweils 3-minütiger Einwirkungszeit durch leichten N_2-Überdruck. Das Eluat kann anschließend auf ca. 0,2 - 0,3 ml eingeengt werden. Zur Überprüfung der gaschromatographischen Analyse wird vor der Aufkonzentrierung ein Standard (z.B. 1,2-Dinitrobenzol) zugesetzt.

Nach dieser Vorschrift werden insbesondere die Triazinderivate (Atrazin, Simazin etc.), die Anilide (Metazachlor, Metolachlor) und die Phosphorsäureester-Insektizide (Parathion, Dimethoat etc.) angereichert.

Die gaschromatographischen Bedingungen sind in der Tabelle 7 enthalten.

Tabelle 7
GC-Bedingungen zur Bestimmung von PSM-Wirkstoffen

Gaschromatograph:	HP 5890
Säule:	DB 5, 60 m, i.D. 0,32 mm Filmdicke 0,25 µm
Injektor:	Split/Splitless, Autosampler 280°C
Injektionsvolumen:	12 µl
Trägergas:	He (1,0 ml/min)
Detektor:	N-P-Detektor, 300°C
Temperaturprogramm:	60°C 2 min 60 - 190°C mit 20°C/min 190°C 5 min 190 - 219°C mit 1°C/min 219°C 10 min 219 - 280°C mit 30°C/min 280°C 10 min
Analysendauer:	ca. 65 min
Auswertung:	GC-Datensystem, interner Standard

Die Wiederfindungsraten liegen i.d.R. bei 90 - 95 % und die statistisch abgeschätzten Bestimmungsgrenzen zwischen 0,01 und 0,05 µg/l.

3.3.3.3 Bestimmung der schwerflüchtigen Organochlorverbindungen

Die Bestimmung dieser Substanzklasse, zu der Wirkstoffe wie Hexachlorbenzol, Lindan, DDT, Endosulfan etc. gehören, ist bisher als einziges Analysenverfahren in der Pestizidanalytik weitgehend erprobt. Einzelheiten dieser Methode sind in den Deutschen Einheitsverfahren zur Wasser-, Abwasser- und Schlamm-Untersuchung (DEV F2) ausführlich beschrieben.

Die zu untersuchende Wasserprobe (bei Oberflächen-, Grund- und Trinkwässern 1000 ml) wird mit 50 ml n-Hexan versetzt und 8 - 10 h auf einer Schüttelmaschine intensiv geschüttelt. Die Zugabe des internen Standards (Hexachlorxylol) erfolgt vor der Extraktion in die wäßrige Phase. Nach Trennung der Phasen (über Nacht) wird der Extrakt mit Hilfe eines Mikroseparators entnommen, über Natriumsulfat getrocknet und auf ca. 5 ml eingeengt. Die weitere Aufbereitung erfolgt über eine Kieselgel-Säule (Kieselgel 40: Fa. Merck 35-70 mesh, 3 % Wasser). Nach einer Einwirkzeit von ca. 30 min wird zunächst mit 70 ml n-Hexan und anschließend nach einer weiteren halben Stunde mit 70 ml eines n-Hexan/Toluol-Gemisches (1:1) eluiert. Das Eluat wird mittels eines Rotationsverdampfers auf ca. 1 ml eingeengt. Die GC-Bedingungen sind in der Tabelle 8 zusammengestellt.

Tabelle 8
GC-Bedingungen zur Bestimmung von schwerflüchtigen Organochlorverbindungen

Säule 1:	DB 5, 30 m, i.D. 0,32 mm, Filmdicke 0,25 µm
Säule 2:	DB 1701, 30 m, i.D. 0,32 mm, Filmdicke 0,25 µm
Injektor:	PTV, 40 - 270°C
Injektionsvolumen:	4 µl
Trägergas:	He (1,7 ml/min)
Detektor:	ECD/ECD, 300°C
Make-up Gas:	Argon/Methan (95:5)
Temperaturprogramm:	60°C 1 min 60 - 180°C mit 20°C/min 180 - 250°C mit 3°C/min 250°C 10 min
Analysendauer:	ca. 40 min
Auswertung:	GC-Datensystem, interner Standard

Die Identifizierung und Quantifizierung erfolgt über beide Säulen. Insbesondere bei Oberflächenwässern hat sich diese Auswertemethode bewährt. In der Regel können Bestimmungsgrenzen von 0,01 µg/l bei Trinkwasserproben erreicht werden. Neben der flüssig/flüssig-Extraktion mit n-Hexan ist prinzipiell auch die Festphasen-Extraktion an RP-C_{18}-Material zur Anreicherung der Wirkstoffe anwendbar.

3.3.3.4 Bestimmung der Phenoxyalkancarbonsäuren

Die wichtigsten Vertreter dieser Substanzklasse, die aufgrund hoher Produktions- und Verkaufsziffern eine besondere Bedeutung haben, sind 2.4-D, 2.4-DP (Dichlorprop), MCPA und Mecoprop. Zur Erfassung dieser Wirkstoffe wird ebenfalls mit gutem Erfolg die Festphasen-Extraktion eingesetzt.

Die zu untersuchende Wasserprobe (bei Oberflächen-, Grund- und Trinkwässern 1000 ml) wird zunächst mit konzentrierter Schwefelsäure auf pH2 gebracht. Zur quantitativen Erfassung evtl. vorliegender Ester ist es notwendig, zuvor stark alkalisch zu machen, um die Ester zu hydrolysieren. Die angesäuerte Probe wird nun mit Unterdruck durch eine zuvor konditionierte Säule gesaugt (Zeitdauer ca. 1 - 1,5 h) und das Filtrat verworfen. Nach Trocknung im Stickstoffstrom (ca. 30 min) erfolgt die Elution mit 2 x 1 ml Aceton. Das Eluat wird mit Stickstoff auf ca. 0,2 ml eingeengt und mit 1 ml des Veresterungsgemisches (9 Teile Methanol, 1 Teil konzentrierte Schwefelsäure), das zuvor hergestellt wurde, versetzt. Nach 10-minütigem Stehenlassen werden 15 ml destilliertes Wasser zugesetzt und intensiv geschüttelt. Die Extraktion der Methylester erfolgt mit 10 ml n-Hexan, wobei ein interner Standard (Fenopropmethylester) zugegeben werden kann. Man pipettiert die Hexanphase ab und wiederholt die Extraktion. Die vereinigten Hexanphasen werden vorsichtig am Rotationsverdampfer auf ca. 2 ml eingeengt. Die weitere Aufkonzentrierung erfolgt in einem Probegläschen im Stickstoffstrom auf ca. 0,2 - 0,5 ml.

Tabelle 9
Bestimmung der Phenoxyalkancarbonsäuren

Gaschromatograph:	HP 5890 mit Massenselektivem Detektor
Säule:	DB 5, 30 m, i.D. 0,32 mm Filmdicke 0,25 µm
Injektor:	Split/Splitless, Autosampler 200°C
Injektionsvolumen:	1-2 µl
Trägergas:	He (1,5 ml/min)
Detektor:	HP 5970 MSD
Temperaturprogramm:	50°C 3 min 50 - 180°C mit 10°C/min 180 - 200°C mit 1°C/min 200 - 250°C mit 20°C/min
Analysendauer:	38,5 min
Auswertung:	GC-Datensystem, interner Standard

Die Wiederfindungsraten liegen bei 95 - 100 %; die statistisch abgeschätzten Bestimmungsgrenzen wurden mit 0,03 - 0,05 µg/l errechnet.

3.3.3.5 Bestimmung von flüchtigen PSM-Wirkstoffen

Hierzu zählen vor allem die Verbindungen 1,3-Dichlorpropen und 1,2-Dichlorpropan, die als Bodenbegasungsmittel (Nematizide) Verwendung finden. Sie können prinzipiell ebenso wie die leichtflüchtigen Halogenkohlenwasserstoffe (vgl. Kap. 3.3.2) bestimmt werden; jedoch werden mit diesem Verfahren die erforderlichen Nachweis- bzw. Bestimmungsgrenzen von 0,1 µg/l nicht erreicht. Dagegen lassen sich mit dem Ausblasverfahren nach GROB /6/ noch Konzentrationen bis zu 0,01 µg/l bestimmen. 1000 ml einer Wasserprobe werden im geschlossenen Kreislauf (Closed Loop Stripping Analysis = CLSA) bei 30°C Badtemperatur ausgeblasen und die flüchtigen Verbindungen auf einem Mikroaktivkohlefilter gesammelt. Nach zwei Stunden wird mit 3 x 10 µl Schwefelkohlenstoff (CS) eluiert und ein Aliquot (1 - 2 µl) in einen Gaschromatographen injiziert. Die Detektion kann mittels Massenspektrometer oder auch mit ECD bzw. FID erfolgen. Die Analysenbedingungen sind der Tabelle 10 zu entnehmen.

Tabelle 10
Analysenbedingungen für die Bestimmung von flüchtigen PSM-Wirkstoffen

Gaschromatograph:	HP 5890 mit Massenselektivem Detektor
Säule:	DB 5, 30 m, i.D. 0,32 mm Filmdicke 0,25 µm
Injektor:	Split/Splitless, Autosampler 200°C
Injektionsvolumen:	1 - 2 µl
Trägergas:	He (1,5 ml/min)
Detektor:	HP 5970 MSD
Temperaturprogramm:	50°C 3 min 50 - 100°C mit 5°C/min 100 - 200°C mit 20°C/min

Obwohl die Wiederfindungsraten für 1,3-Dichlorpropen und 1,2-Dichlorpropan nur zwischen 40 und 50 % liegen, sind aufgrund des hohen Anreicherungsfaktors (10) Konzentrationen bis zu 0,01 µg/l bestimmbar.

3.3.3.6 Zusammenfassende Folgerungen für die Bestimmung der PSM-Wirkstoffe

Wegen der großen Anzahl (ca. 300 PSM) und der unterschiedlichen physikalisch-chemischen Struktur der zu analysierenden Wirkstoffe ist es unmöglich, alle bzw. eine Vielzahl der PSM mit einem Analysenverfahren zu erfassen. Aus praktischen Erwägungen heraus wird häufig so vorgegangen, daß auf wichtige Wirkstoffe (z.B. Atrazin, Simazin usw.) untersucht und gleichzeitig auf die An- bzw. Abwesenheit anderer Substanzen, die mit demselben Analysenverfahren zu bestimmen sind, geprüft wird. Auf diese Weise kann bei Verwendung von nur wenigen Analysenverfahren doch eine große Anzahl von PSM-Wirkstoffen, z.B. in Trinkwässern, bestimmt werden. Auch die HPLC in Verbindung mit einem Dioden-Array-Detektor kann zur Bestimmung von PSM-Wirkstoffen herangezogen werden, besonders wenn es sich um polarere und thermisch instabile Verbindungen wie z.B. Phenylharnstoffe und Carbamate handelt.

3.3.4 Flüchtige organische Substanzen

In der Wasseranalytik wird häufig bei Untersuchungen von Trink-, Grund- und Oberflächenwässern verlangt, eine Übersichtsanalyse (Screening) auf organische Einzelverbindungen durchzuführen. Für die Bestimmung der flüchtigen organischen Substanzen eignet sich in besonderer Weise die GROB-Methode, die bereits in Kap. 3.3.3.5 beschrieben wurde. Neben leichtflüchtigen Halogenkohlenwasserstoffen können insbesondere flüchtige aromatische und aliphatische Kohlenwasserstoffe, Geruchsstoffe und chlorierte Benzole erfaßt werden. Als Detektionsmethode wird dann vor allem die Kombination Gaschromatographie/Massenspektrometrie (GC/MS) eingesetzt, die für ein Screening genügend empfindlich ist. Für quantitative Analysen kann zur Erhöhung der Empfindlichkeit der SIM-Betrieb (Single Ion Monitoring) herangezogen werden. Bei Verwendung eines GC/MS-Systems werden sich die Analysenbedingungen an der vorgegebenen Aufgabenstellung orientieren, d.h. möglichst viele Einzelstoffe über einen großen Temperaturbereich zu bestimmen. Ansonsten sind ähnliche Bedingungen wie in Tabelle 10 zu empfehlen.

3.3.5 Schwerflüchtige organische Einzelstoffe

Bei Oberflächen und kontaminierten Grundwässern muß häufig auf verschiedene organische Verbindungen, z.B. chlorierte Benzole, PCB's, Phenole usw. analysiert werden. Daneben interessiert welche anderen Substanzen noch in den entsprechenden Wässern enthalten sind. Für eine solche Übersichtsanalyse eignet sich nach unseren bisherigen Erfahrungen vor allem ein sog. GC/MS-Screening. Zur Probenvorbereitung wird entweder eine Extraktion mit Dichlormethan oder eine Anreicherung über XAD-Harz durchgeführt. Bei der flüssig/flüssig-Extraktion mit Dichlormethan werden in der Regel nach Zugabe von größeren Mengen an Salzen (z.B. Natriumchlorid bzw. Natriumsulfat) 1000 ml einer Wasserprobe zweimal mit je 50 ml Dichlormethan extrahiert. Nach Aufarbeiten des Extraktes (Trocknen, Einengen, evtl. Clean up) werden 1 - 2 µl in einen Gaschromatographen injiziert und massenspektrometrisch vermessen.

Eine adäquate Probenvorbereitungsmethode ist die Anreicherung über XAD-Harz (XAD 2 und XAD 4 im Verhältnis 1:1). 2 g dieser Mischung werden in eine Pasteur-Pipette bzw. in eine kleine Glassäule mit Fritte gefüllt und 1000 ml einer Wasserprobe mit Hilfe einer Pumpe durchgedrückt (Durchfluß ca. 3 ml/min; Zeitdauer ca. 5 - 6 h). Nach Trocknen im Stickstoffstrom (ca. 30 min) wird mit

2 x 1 ml Dichlormethan eluiert und das Eluat nochmals auf ca. 0,3 - 0,5 ml eingeengt. Die Analysenbedingungen (GC/MS) sind in der Tabelle 11 zusammengestellt.

Tabelle 11
Bestimmung schwerflüchtiger organischer Einzelstoffe mittels GC/MS

Gaschromatograph:	HP 5890 mit Massenselektiven Detektor
Säule:	DB 5, 30 m, i.D. 0,32 mm Filmdicke 0,25 µm
Injektor:	Split/Splitless, Autosampler 280°C
Injektionsvolumen:	1-2 µl
Trägergas:	He (1,2 ml/min)
Interface:	285°C
Detektor:	HP 5970 MSD
Temperaturprogramm:	50°C 3 min 50 - 280°C mit 5°C/min 280°C 10 min
Auswertung:	Datensystem

Mit diesem Analysenverfahren können insbesondere anthropogene organische Schadstoffe wie aromatische Chlor- und Nitroverbindungen, Aniline, Phenole, Phthalsäure- und organische Phosphorsäureester bestimmt werden.

3.3.6 Anionische organische Komplexbildner

Die Bestimmung von NTA (Nitrilotriacetat) und EDTA (Ethylendinitriloacetat) ist ein typisches Beispiel dafür, wie nicht GC-gängige Substanzen nach aufwendigen Anreicherungs- und Derivatisierungsschritten gaschromatographisch bestimmbar gemacht werden, um sie unter Umweltschutzgesichtspunkten auch in geringen Konzentrationen messen zu können. Die Probenvorbereitung bis zur gaschromatographischen Analyse enthält die Tabelle 12.

Tabelle 12
Probenvorbereitung für die gaschromatographische Bestimmung von NTA und EDTA

- Ansäuern der mit 1 %iger Formaldehydlösung stabilisierten Probe auf pH 2,3 - 2,5
- Ausblasen des Kohlendioxids mit Stickstoff im Wasserbad
- Anreicherung von NTA und EDTA auf einer Austauschersäule
- Elution mit 20 ml Ameisensäure
- Eindampfen im Heizblock bei 95°C unter Überleiten eines Stickstoffstroms bzw. mit Hilfe eines Rotationsverdampfers bei 40°C
- Veresterung mit 2 ml eines n-Butanol/Acetylchlorid-Gemisches bei 95°C
- Abkühlen und Lösen der Reaktionsmischung in Wasser
- Extraktion des NTA-Tributyl- bzw. EDTA-Tetrabutylester mit n-Hexan
- Trocknung über Natriumsulfat und Einengen des Extraktes

Die gaschromatographische Bestimmung erfolgt üblicherweise mit einem N-P- bzw. N-Detektor. Einzelheiten der GC-Bedingungen sind in der Tabelle 13 aufgeführt.

Tabelle 13
GC-Bedingungen zur Bestimmung von NTA und EDTA

Gaschromatograph:	HP 5890
Säule:	DB 5, 15 m, i.D. 0,25 mm Filmdicke 0,25 µm
Injektor:	PTV (60 - 300°C)
Injektionsvolumen:	2 µl
Trägergas:	He (1,0 ml/min)
Detektor:	NPD, 300°C
Temperaturprogramm:	60 - 240°C mit 30°C/min 240°C mit 3 min 240 - 295°C mit 9°C/min 295°C mit 7 min
Analysendauer:	ca. 23 min
Auswertung:	Integrator, interner Standard

Diese Analysenmethode wurde ausschließlich für die Bestimmung von NTA und EDTA optimiert. Sie erlaubt praktisch nicht die gleichzeitige Messung von weiteren Substanzen, so daß dieses Verfahren nicht als universelle Analysenmethode einzusetzen ist.

3.4 Zusammenfassende Folgerungen

Die in Kapitel 3 beschriebenen Analysenmethoden haben gezeigt, daß bereits derzeit eine Vielzahl von organischen Einzelsubstanzen in Wässern zu bestimmen ist. Aufgrund des zunehmenden Umweltbewußtseins und den schärferen gesetzlichen Anforderungen an Indirekt- und Direkteinleiter wird sich in Zukunft die Anzahl der zu analysierenden Einzelverbindungen erheblich erhöhen. Notwendig ist daher die Entwicklung von einfachen und weitgehend automatisierbaren Probenvorbereitungsverfahren, um Kosten einzusparen und die vorhandene Analysenkapazität optimal auszunutzen. Die einzelnen Teilschritte einer Analyse - Probenahme, Probenvorbereitung und Messung - müssen viel stärker als bisher aufeinander abgestimmt werden. Dies kann durch automatische Probenahme mit nachfolgender Anreicherung beispielsweise auf festen Adsorbentien erfolgen. Auch der Einsatz von Laborrobotern wird zu einer weitergehenden Automatisierung der Probenvorbereitung und Messung beitragen. Nur durch den Einsatz der neuesten technischen Möglichkeiten im Labor kann langfristig die analytische Überwachung im Interesse des Umweltschutzes gesichert werden.

4. Applikationsbeispiele

4.1 Dioxin

Am Beispiel einer Flugascheprobe wird die hochauflösende gaschromatographische Trennung von polychlorierten Dibenzodioxinen und Dibenzofuranen und deren Nachweis mit dem Massenselektiven Detektor (MSD) vorgestellt.

Zur Substanzklasse der Dioxine zählen die polychlorierten Dibenzodioxine (PCDD) und die polychlorierten Dibenzofurane (PCDF), die als unerwünschte Nebenprodukte bei der Herstellung von Chlorphenolen (Seveso-Unfall), chlorierten Biphenylen, chlorierten Naphtalinen, Chlorbenzolen und Bioziden entstehen. Eine kontinuierliche Umweltbelastung wird durch die Emission von Müllverbrennungsanlagen vermutet. Die Toxizität der insgesamt 210 Isomeren der Dioxine und Furane wird unterschiedlich bewertet. Von besonderem Interesse ist das hochgiftige 2,3,7,8-Tetrachlordibenzodioxin.

Massenspektrometrie

HP 5890A Gaschromatograph mit HP 5970B Massenselektivem Detektor

Von den zahlreichen Analysenmethoden zum Spurennachweis der Dioxine und Furane in der Umweltanalytik hat sich die Kombination der gaschromatographischen Trennung mit der massenspektrometrischen Detektion als schnelle und zuverlässige Methode durchgesetzt. Der MSD kann in der Selected Ion Monitoring (SIM) - Arbeitsweise PCDD und PCDF verschiedener Chlorierungsstufen im Picogrammbereich sicher nachweisen. Die Retentionszeiten der Komponenten, resultierend aus der hochauflösenden Kapillar-Gaschromatographie, werden als zusätzliche Daten zur Identifizierung benutzt.

Für die Gruppentrennung der Tetra-, Penta-, Hexa-, Hepta-, Oktachloriddioxine und Furane wurde eine HP Fused Silica Kapillare (100 % Methylsilikon) eingesetzt. Für die Datenakquisition des Massenspektrometers wird je nach Aufgabenstellung in der SCAN-(Spektrendarstellung) oder SIM-(Massenchromatographie)-Arbeitsweise akquiriert. Es wird kontinuierlich mit 70 eV ionisiert. Zur Steigerung der Meßempfindlichkeit wurde bei der SIM-Methode die Verstärkerspannung des Multipliers erhöht. Mit dem 1,2,3,4-TCDD- Standard wird die Nachweisempfindlichkeit des Massenspektrometers geprüft. Auf einer 12 m Kapillarsäule wurden 500 pg injiziert und im SCAN-Bereich, m/z 150-350, Spektren aufgenommen. Abb. 1 zeigt das untergrundsubtrahierte Spektrum, dessen charakteristisches Chlor-Cluster (m/z 319.9-321.9-323.9-325.9) im Ausschnitt verdeutlicht ist.

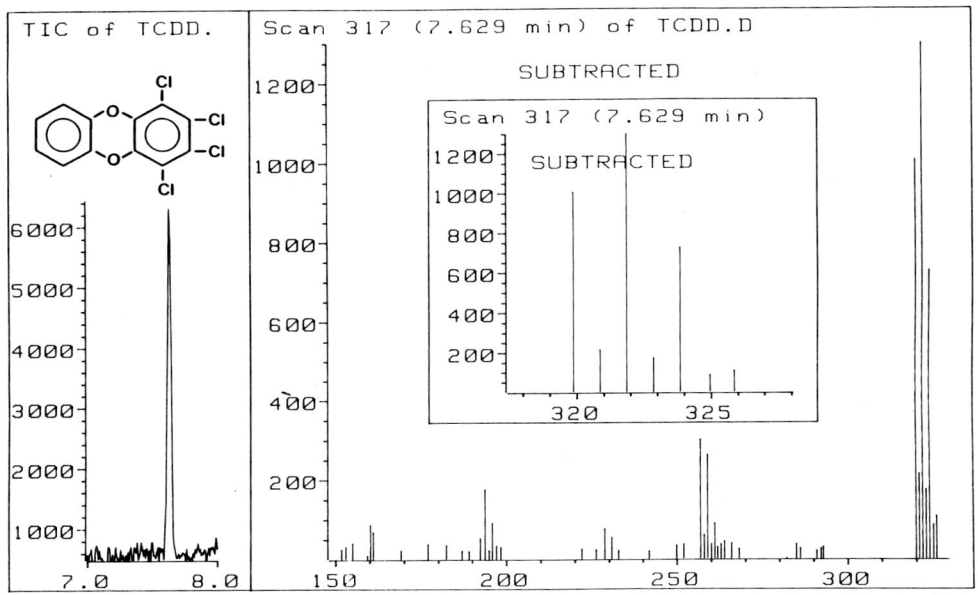

Abbildung 1
Spektrum des 1, 2, 3, 4-Tetrachlordibenzodioxin (TCDD), injizierte Menge 500 pg

Die hochempfindliche SIM-Technik läßt den Nachweis von 2 pg auf der 12 m Kapillare zu. Es wurden drei signifikante TCDD-Massen 319.9-321.9-323.9 gemessen und das intensivste Signal 321.9 in Abb. 2 dargestellt.

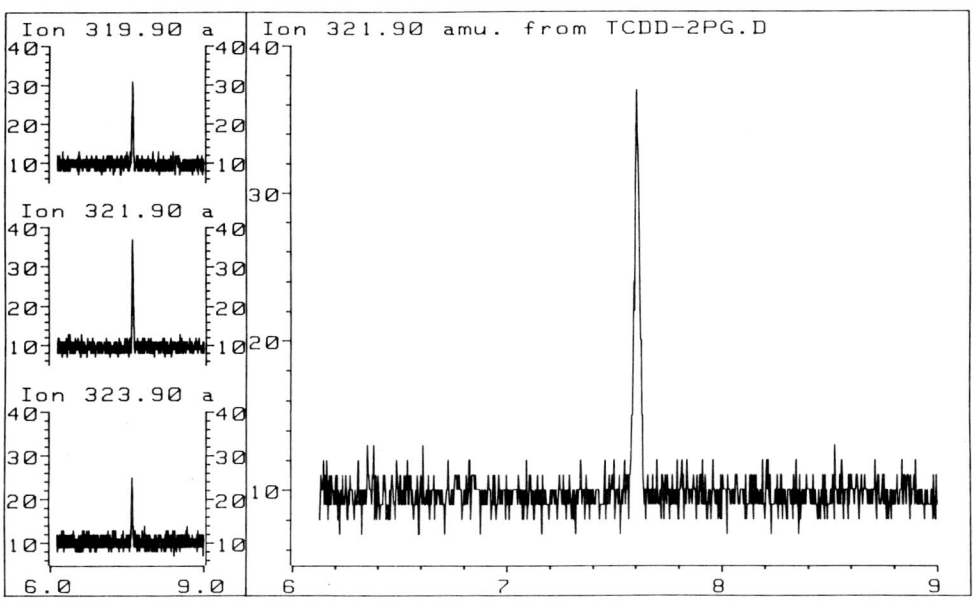

Abbildung 2
Massenchromatogramm des TCDD, Nachweis von 2 pg

Abb. 3 zeigt das aus insgesamt 30 Ionen resultierende Totalionenstromchromatogramm einer Flugaschenprobe. Die Identifizierung der Substanzklassen erfolgt anhand des Retentionsverhaltens, der charakteristischen Massenzahlen und der Intensitätsverhältnisse der Massenpeaks.

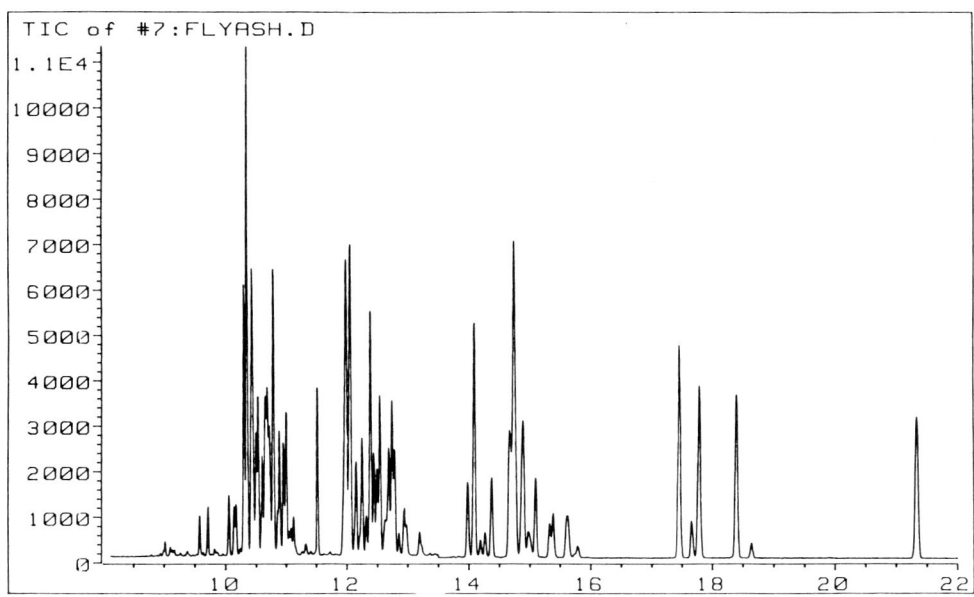

Abbildung 3
Totalionenstrom-Chromatogramm (TIC) der Flugaschenprobe

Weitere Informationen:
J. Schulz
„Dem Dioxin auf der Spur"
LP-Special 86, S. 85-89

4.2 Leichtflüchtige Halogenkohlenwasserstoffe und BTX-Aromaten

Leichtflüchtige Halogenkohlenwasserstoffe werden bevorzugt gaschromatographisch mit einem Elektroneneinfangdetektor analysiert. Durch Verwendung der Headspace-Technik erübrigt sich eine komplizierte Aufarbeitung der Probe. Viele leichtflüchtige Halogenkohlenwasserstoffe können bei einer Konzentration von 100 ppt oder weniger detektiert werden.

Nach derselben Methode lassen sich auch Benzol, Toluol und Xylol (BTX-Aromaten) bis zu Konzentrationen von 10 ppb bestimmen, allerdings mit einem FID als Detektor. Zum Nachweis dieser zwei Verbindungsklassen, insbesondere der schwachchlorierten Komponenten, eignet sich auch der Massenselektive Detektor (MSD).

Zu den leichtflüchtigen chlororganischen Verbindungen zählen z.B. Dichlormethan, 1,1,1-Trichlorethan, Chloroform, Tetrachlorkohlenstoff, Trichlorethen und Tetrachlorethan. Sie entstehen unter anderem als Zwischenprodukte bei der Herstellung von Fluorkohlenwasserstoffen oder dienen als Extraktions- und Lösungsmittel. Trihalogene, insbesonders Chloroform, entstehen auch bei der Trinkwasserchlorierung. Halogenkohlenwasserstoffe sind toxisch, teilweise kanzerogen und mutagen.

Gaschromatographie

HP 5880A/HP 5890A Gaschromatographen mit ECD-Detektor und HP 19395A Headspace-Probengeber

Der Einsatz der Gaschromatographie in der Wasseranalytik erfordert in den meisten Fällen eine Aufarbeitung der Probe, um störende Einflüsse des Lösemittels Wasser und der Probenmatrix zu eliminieren. Eine Vereinfachung bietet die Headspace-Technik zur Analyse leichtflüchtiger und in Wasser schwerlöslicher Verbindungen. Für die Headspace-Probenaufgabe wird ein aliquoter Teil der Gasphase aus dem verschlossenen Probengefäß direkt in den Gaschromatographen geleitet. Die Verteilung der Probenkomponenten in den beiden Phasen beschreibt der Verteilungskoeffizient. Im Vergleich zur Injektion von Flüssigkeiten ist eine Anreicherung der Komponenten in der Gasphase in Abhängigkeit von der Temperatur zu erwarten, so daß mit der Headspace-Probenaufgabe Substanzen mit niedrigem Verteilungskoeffizient mit erhöhter Empfindlichkeit nachgewiesen werden können.

Die Headspace-Technik bietet mehrere Vorteile:

1. Die Probenvorbereitung wird minimiert oder eliminiert. Wasser, Abwasser und Schlamm können direkt analysiert werden.
2. Die Proben können erhitzt werden. Die Erwärmung führt zu einer Anreicherung der Komponenten in der Gasphase und damit zu einer Steigerung der Empfindlichkeit.
3. Eine Injektionsmenge von 1 ml in der Headspace-Technik im Vergleich zu 1 µl flüssiger Probe vergrößert ebenfalls die Empfindlichkeit.
4. Der Lösungsmittelpeak ist generell viel kleiner oder wird vollständig eliminiert.
5. Die exakte Temperierung der Proben vor der Injektion liefert reproduzierbare Ergebnisse.

Für die GC-Trennung leichtflüchtiger Substanzen empfiehlt sich der Einsatz einer Dickfilmkapillare geeigneter Polarität.

Abb. 4 zeigt ein Chromatogramm von 10 repräsentativen Halogenkohlenwasserstoffen in einer Konzentration von 10 ppb in Wasser. Mit Ausnahme von o-Dichlorbenzol sind alle Komponenten bis zu einer Konzentration von 100 ppt nachweisbar.

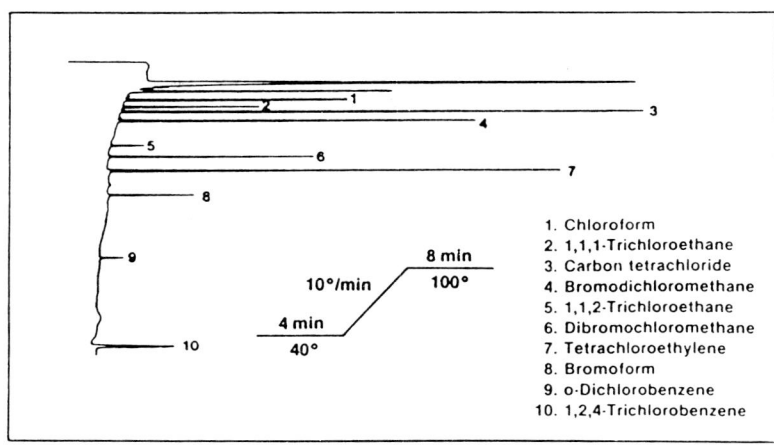

Abbildung 4
Analyse von 10 Halogenkohlenwasserstoffen (10 ppb)
Säule: 25 m x 0,32 mm x 0,52 µm, crosslinked Methylsilikon
Trägergas: Helium (49 cm/sec)
Injektion: 1 ml Gasphase, Split, 64:1

Tabelle 1 zeigt die relative Standardabweichung der einzelnen Halogenkohlenwasserstoffe bei einer Konzentration von 1 ppb. Die Werte liegen durchweg unter 5 %, bei der Hälfte der Komponenten sogar unter 2 %.

Verbindung	GC Bedingungen	Anzahl der Injektionen	Mittelwert der Flächen	Standard Abweichung	%RSD
Chloroform	a	6	240.36	2.47	1.0
1,1,1-Trichlorethan	a	6	448.38	6.81	1.5
Kohlenstofftetrachlorid	a	6	1003.12	8.89	0.9
Bromodichloromethan	a	6	302.80	7.83	2.6
1,1,2-Trichloroethan	b	6	168.70	7.11	4.2
Dibromochloromethan	b	6	455.81	8.82	1.9
Tetrachloroethylen	b	6	15932.12	666.79	4.2
Bromoform	b	6	216.07	3.84	1.8
o-Dichlorobenzen	c	7	170.59	2.80	1.6
1,2,4-Trichlorobenzen	c	7	1015.37	26.71	2.6

Tabelle 1
Flächenreproduzierbarkeit der Headspace-Analyse von Halogenkohlenwasserstoffen (1 ppb)

Die Ergebnisse der BTX-Analysen aus 7 Läufen sind in Tabelle 2 aufgelistet. Die relativen Standardabweichungen liegen unter 3,5 %.

Verbindung (10 ppb)	Mittelwert	Standard Abweichung	%RSD
Benzol	21807	691	3.2
Toluol	21477	419	2.0
m- + p-Xylol	42783	1199	2.8
o-Xylol	21418	742	3.5

Tabelle 2
Flächenreproduzierbarkeit der Headspace-Analyse von BTX-Aromaten (10 ppb), n=7

Abb. 5 zeigt das Headspace-Chromatogramm der BTX-Aromaten.

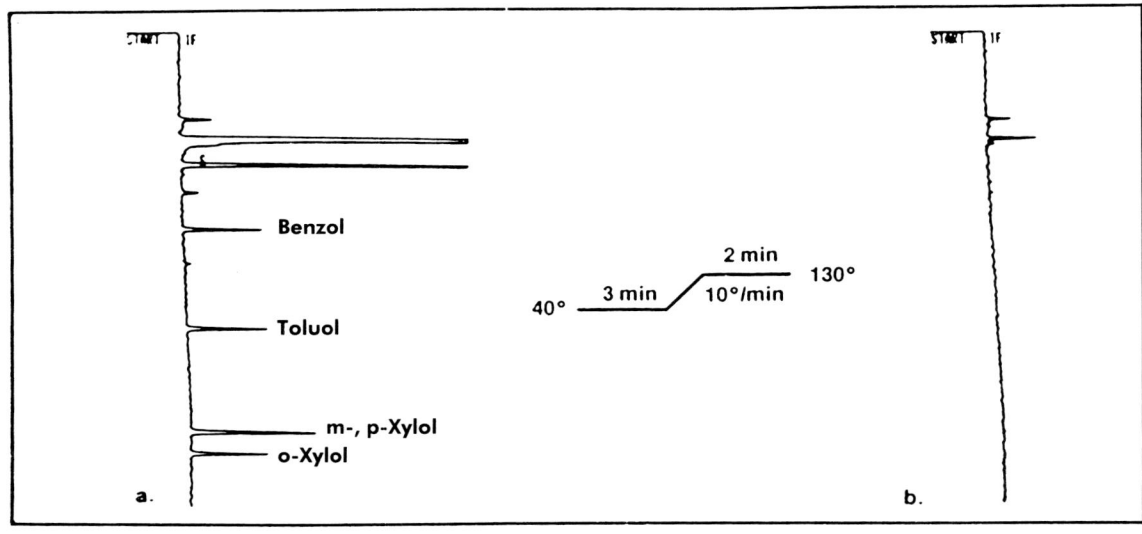

Abbildung 5
a) Headspace-Chromatogramme der BTX-Aromaten (10 ppb)
b) Wasser
Säule: 25 m x 0,32 mm x 0,52 µm, crosslinked Methylsilikon
Trägergas: Helium (25 cm/sec)
Injektion: 1 ml Gasphase, Split, 50:1

Weitere Informationen:
P.L. Wylie
„Trace Analysis of Volatile Compounds in Water using the HP 19395A Headspace Sampler"

Massenspektrometrie

HP 5890A Gaschromatograph, Massenselektiver Detektor HP 5970B und Headspace-Probengeber HP 19395A

Organische chlorierte Verbindungen werden bevorzugt mit dem Elektroneneinfangdetektor (ECD) und Kohlenwasserstoffe mit dem Flammenionisationsdetektor (FID) gemessen. Der ECD zeigt jedoch für schwachchlorierte Substanzen und der FID für Stoffe mit niedriger Kohlenstoffzahl und zusätzlichen Heteroatomen einen zu geringen Response, um sie mit der erforderlichen Nachweisgrenze detektieren zu können. Substanzen dieser Stoffqualität wie Dichlormethan können jedoch mit dem Massenselektiven Detektor (MSD) in niedrigen µg/l-Konzentrationen nachgewiesen und zweifelsfrei quantifiziert werden. Für die Analyse von Wasserproben, belastet mit leichtflüchtigen Halogenwasserstoffen (LHKW) und den BTX-Aromaten, wurde die Headspace-Technik eingesetzt.

Abb. 6 zeigt das im SCAN-Betrieb (28.5 - 350 amu) aufgenommene Totalionenstromchromatogramm der Standard-Halogenkohlenwasserstoffe in einer Konzentration von 20 mg/l.

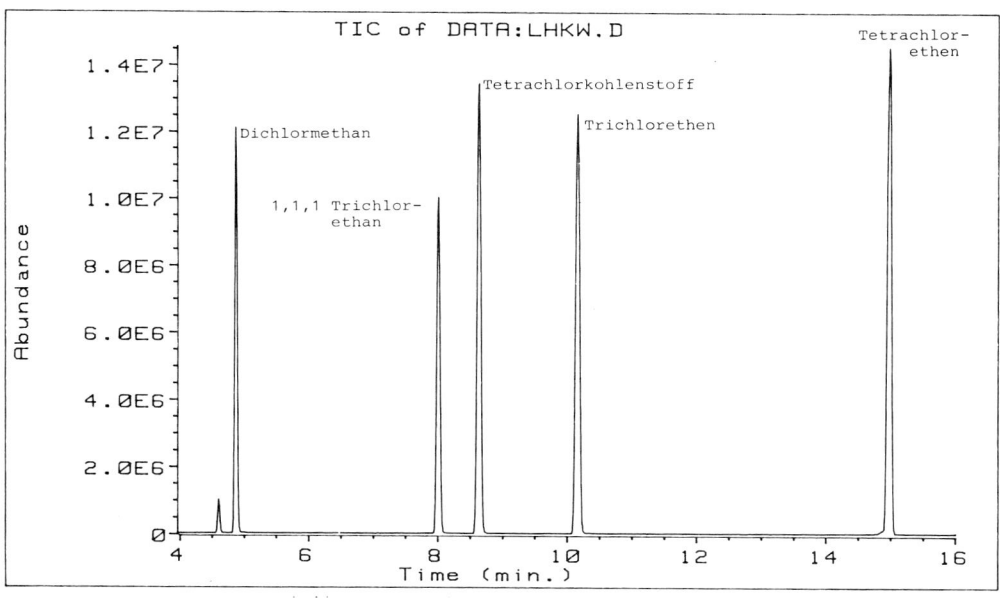

Abbildung 6
Chromatogramm der leichtflüchtigen Halogenkohlenwasserstoffe (20 mg/l), SCAN-Mode
Säule: 50 m x 0,3 mm x 1,0 µm, 5 % Phenylmethylsilikon (SE 54)
Trägergas: Helium
Temperaturprogramm: 40°C (3 min) - 5°C/min - 65°C - 8°C/min - 120°C
Injektion: Split

Abb. 7 und 8 zeigen die Nachweisgrenze der LHKWs am Beispiel von Dichlormethan. Für den unteren Nachweisbereich wurde eine Eichkurve der Konzentrationen 2.4 -92 µg/l aufgezeichnet. Die Eichpunkte resultieren aus Mehrfachinjektionen. In der Grundwasserprobe, aufgenommen im SIM-Betrieb, wurden 9 µg/l Dichlormethan sowie Trichlorethen und Tetrachlorethan nachgewiesen.

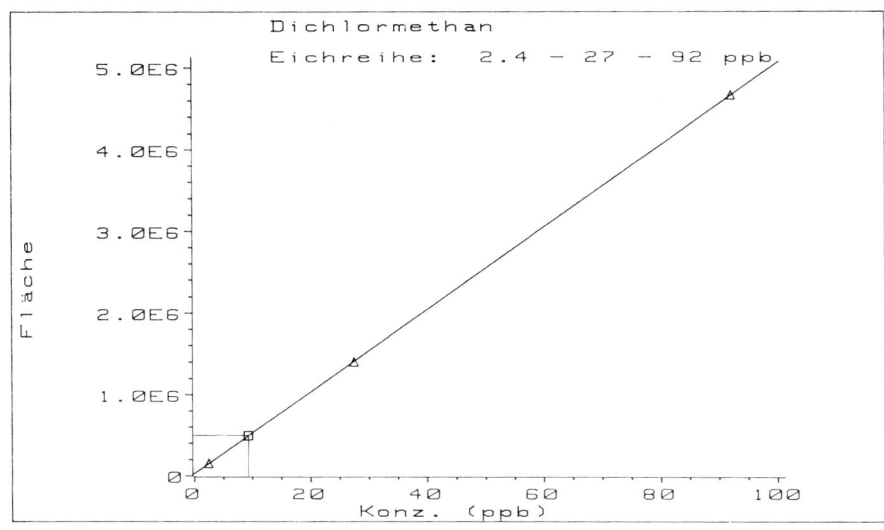

Abbildung 7
Mehrpunkteichung von Dichlormethan, SIM-Mode

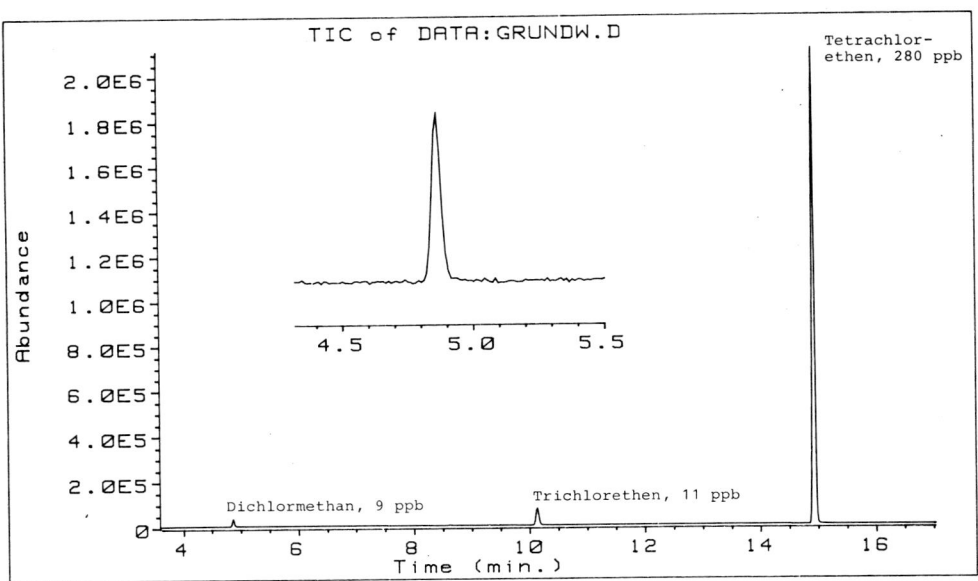

Abbildung 8
Nachweis und Bestimmung von LHKW im Grundwasser, Ausschnitt Dichlormethan, 9 µg/l, SIM Mode

Diese Technik liefert auch eine Möglichkeit zur Bestimmung von Lösungsmitteln in Wasser (siehe Abb. 9). Im Vergleich von 22 Lösungsmitteln (30 mg - 70 mg/l je Komponente) ist auffällig, daß das im SCAN-Betrieb aufgenommene TIC für gut wasserlösliche Substanzen wie Methanol, Aceton, Ethylacetat usw. einen entsprechend niedrigen Response aufweist. Aus dieser Erfahrung gewinnt die Headspace-Technik für Aliphaten und Aromaten und deren Gemischen besondere Bedeutung, z.B. auch für die Analyse von Vergaserkraftstoffen.

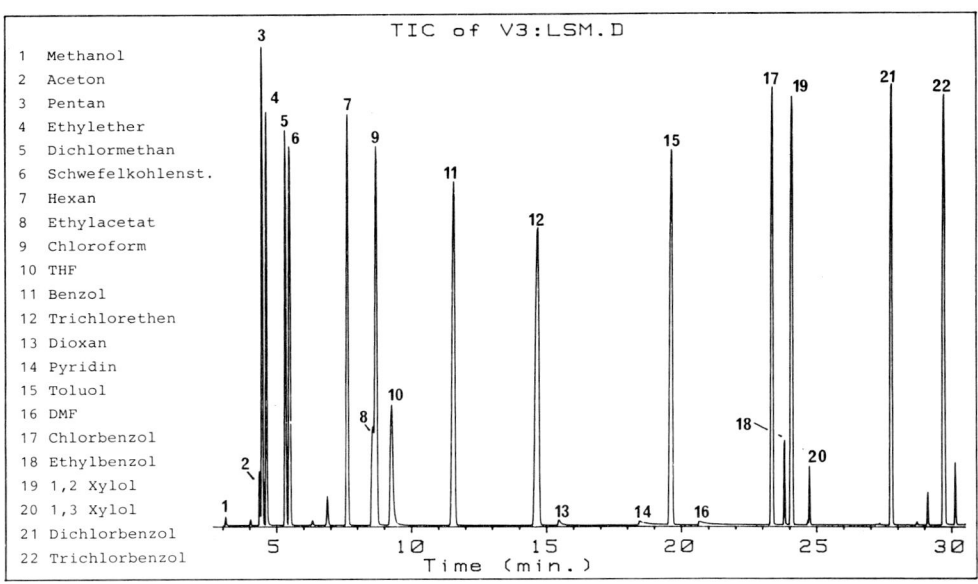

Abbildung 9
Lösemittelauswahl in Wasser, je 50 mg/l pro Komponente, SCAN-Mode

Ein Industrieabwasser wurde auf Benzol, Toluol und Xylol geprüft und dazu das charakteristische Elutionsprofil im SCAN-Betrieb aufgenommen (Abb. 10). Zur Identifizierung unbekannter Substanzen kann eine Referenzspektrenbibliothek benutzt werden.

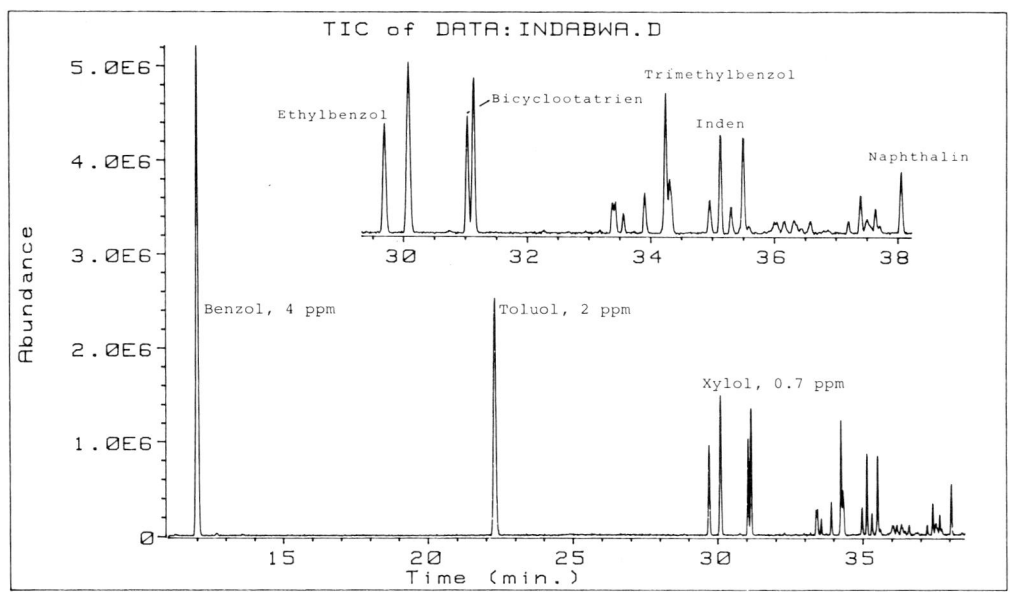

Abbildung 10
Nachweis und Bestimmung von Benzol, Toluol (BTX) und Xylol in Industrieabwasser, SCAN-Mode Ausschnitt: Fingerprint der Probe

Weitere Informationen:
J. Schulz
„Abwasseranalytik mit dem Massenselektiven Detektor"
Wasser 69, S. 49-60 (1987)

4.3 Lösungsmittel

**Lösungsmittel in Luft können schnell und zuverlässig gaschromatographisch mit einem Flammenionisationsdetektor (FID) gemessen werden. Entsprechendes gilt für Kohlenwasserstoffe.
Die Gaschromatographie in Verbindung mit einem Infrarotdetektor ist eine sehr effektive Methode, um in komplexen Mischungen einen schnellen Überblick zu erhalten. Dies ist besonders wichtig bei Proben aus der Umwelt.**

Lösungsmittel werden in der Industrie vielfältig angewendet. Die Bestimmung von Lösungsmitteldämpfen in Umluft ist bei Emissions- und Immissionsüberwachungen, bei der Kontrolle von MAK-Werten oder beim Explosionsschutz von Bedeutung. Ihre Analyse wird normalerweise routinemäßig durchgeführt. Infolge von Prozeßänderungen können jedoch neue, unbekannte Peaks auftreten, die Schwierigkeiten verursachen.

Für derartige Problemstellungen bietet sich die Kombination der Gaschromatographie mit einem FTIR-Detektor an. Sie liefert spektrale Informationen, die eine eindeutige Zuordnung von Substanzen und Isomeren ermöglichen. Die zerstörungsfreie IR-Detektion erlaubt zudem die Kopplung mit weiteren GC-Detektoren. Von besonderem Vorteil ist die Kombination des FTIR-Detektors (IRD) mit dem Massenselektiven Detektor (MSD). Mit einer Injektion werden bei serieller Kopplung die Infrarotspektren und die Massenspektren der Probenkomponenten erhalten. Damit wird die Interpretation unbekannter Komponenten erleichtert und die zweifelsfreie Identifizierung probenrelevanter Substanzen gewährleistet.

HP 5880A/HP 5890A Gaschromatographen mit Flammenionisationsdetektor (FID)

Für die Bestimmung der Lösungsmittel liegen viele selektive, jedoch zeitintensive Analysenverfahren vor oder auch schnelle Methoden, die aber nur einzelne Komponenten oder Substanzgruppen erfassen.

Mit einem standardmäßigen GC-System der Serie HP 5880A/HP 5890A, ausgerüstet mit Gasdosierung, Kapillareinlaß, Fused Silica-Kapillare und FID, können nach entsprechender Optimierung elf typische Lösungsmittel in Luft schnell und zuverlässig bestimmt werden. Eine Analysenzeit von etwa sechs Minuten erlaubt hier eine Monitoranalytik, die auch vollautomatisch möglich ist. Da die Empfindlichkeit des Gesamtsystems bei ca. 15 ppm pro Komponente liegt, ist zum Beispiel auch für die MAK-Wertüberwachung keine Anreicherung oder sonstige Probenvorbereitung notwendig (Abb. 11).

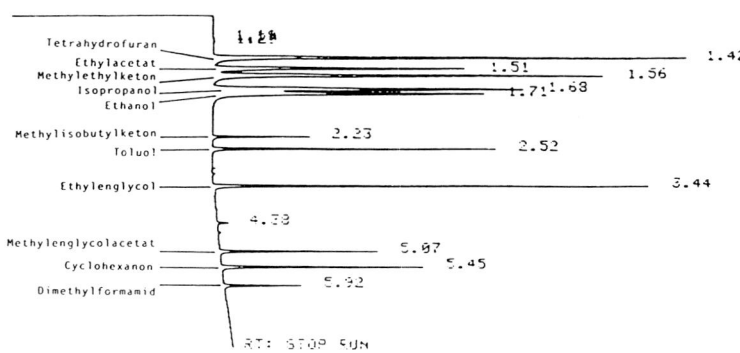

**Abbildung 11
Chromatogramm verschiedener Lösungsmittel in Luft**
Säule: 25 m x 0,2 mm x 0,3 µm, Carbowax 20H
Trägergas: Wasserstoff (53 µm/sec)
Temperaturprogramm: 50°C (2 min) - 12,5°C/min - 160°C
Injektion: Split, 1:50
Detektor: FID

Niedere Kohlenwasserstoffe können durch optimierte Kapillar-Gaschromatographie einzeln erfaßt werden. Je nach eingesetzter Trennsäule und den identifizierten Komponenten liegt die Analysendauer üblicherweise bei 17 bis 30 Minuten. Andererseits dauert die Erfassung derartiger Komponenten mit einem KHW-Monitor ungefähr 30 Sekunden, liefert als Resultat aber nur die Gesamtmenge aller brennbaren Substanzen, zum Beispiel in Luft.

Durch gezielte Optimierung aller chromatographischen Parameter und Nutzung apparativer Leistungsfähigkeit kann aber auch mit einem kommerziellen Gaschromatographen eine Monitoranalytik durchgeführt werden.

Vierzehn Kohlenwasserstoffe können mit dem HP 5880A/HP 5890A GC-System mit Gasdosierventil, Kapillareinlaß, Alumina Plot-Kapillare und FID in weniger als fünf Minuten ohne Säulenschaltung erfaßt werden (Abb. 12).

Wird das System noch weiter vereinfacht, so werden Methan nicht mehr separat und Ethan/Ethen nur als Summe erfaßt, jedoch kann Kohlendioxid mitbestimmt werden, und die Monitorzeit für zehn Kohlenwasserstoffe liegt unter vier Minuten.

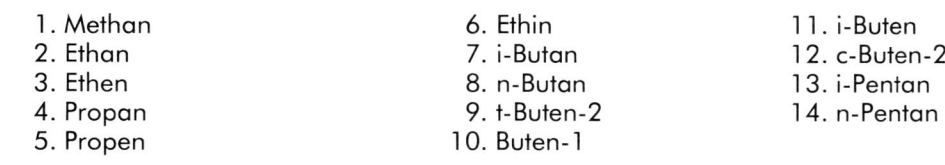

1. Methan
2. Ethan
3. Ethen
4. Propan
5. Propen
6. Ethin
7. i-Butan
8. n-Butan
9. t-Buten-2
10. Buten-1
11. i-Buten
12. c-Buten-2
13. i-Pentan
14. n-Pentan

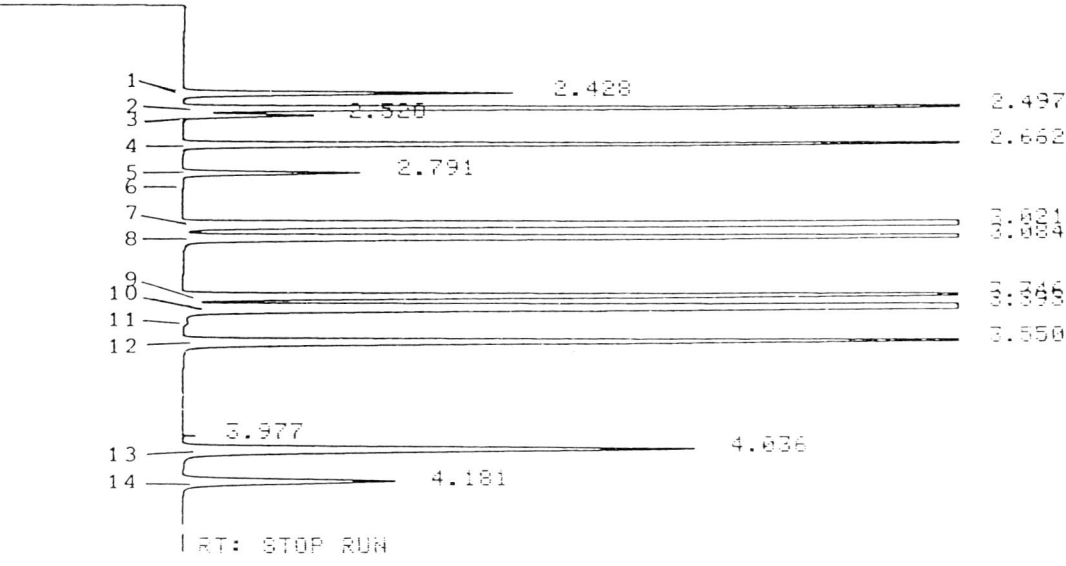

Abbildung 12
Chromatogramm von C_1 - C_5 - Kohlenwasserstoffen
Säule: 50 m x 0,32 mm, Al_2O_3-PLOT-Säule
Trägergas: Wasserstoff (16,6 cm/sec.)
Temperaturprogramm: 110°C - 7,5°C/min - 135°C (1,5 min) - 25°C/min - 160°C

Die analytischen Bedingungen zur Messung von Vinylchlorid in Luft sind so gewählt, daß Interferenzen von insgesamt 33 möglichen Komponenten ausgeschlossen sind und trotzdem eine Analysenzeit von nur 2,5 Minuten erreicht wird (siehe Abb. 13).

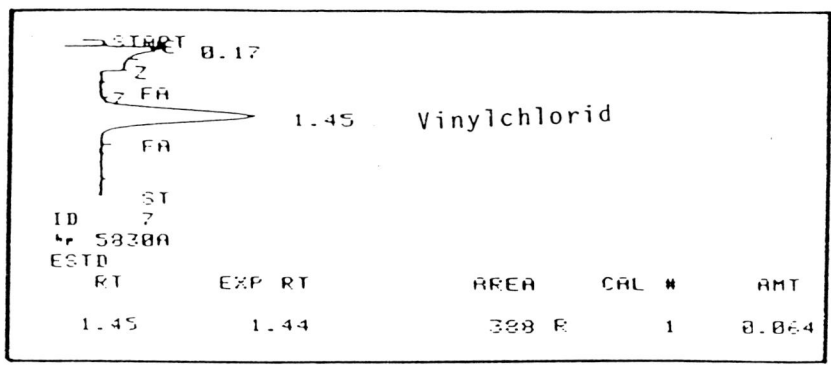

Abbildung 13
Chromatogramm einer Analyse von 64 ppb Vinylchlorid in Stickstoff

*Weitere Informationen:
Jürgen Vogt
„Spezifisch in kurzer Zeit"
Chemische Rundschau 35, S. 6 (1986)*

HP 5890A Gaschromatograph und HP 5965A FTIR-Detektor

Abb. 14 zeigt das Total Response Chromatogramm einer üblichen industriellen Lösungsmittelmischung. Dieses Chromatogramm liefert ein gutes Indiz für den relativen Response des Infrarotdetektors für verschiedene Substanzklassen. Verbindungen mit funktionellen Gruppen zeigen einen wesentich größeren Response als zum Beispiel aliphatische Alkohole oder aromatische Lösungsmittel.

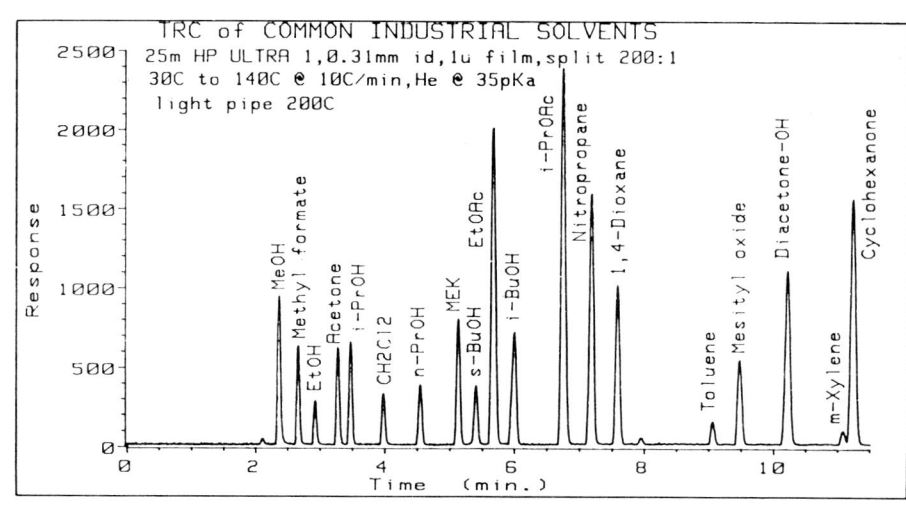

1. Methanol
2. Methylformiat
3. Ethanol
4. Aceton
5. Isopropanol
6. Dichlormethan
7. n-Propanol
8. MEK
9. Butanol
10. Ethylacetat
11. Isobutanol
12. Isopropylacetat
13. Nitropropan
14. 1,4-Dioxan
15. Toluol
16. Mesityloxid
17. Diaceton
18. m-Xylol
19. Cyclohexanon

Abbildung 14
Total Response Chromatogramm einer Lösungsmittelmischung
Säule: 25m x 0,31mm, HP Ultra
Trägergas: Helium (35cm/sec)
Temperaturprogramm: 30°C - 10°C/min - 140°C

Xylol-Isomere zeigen charakteristische Infrarotspektren, die mit Standardspektren aus einer Bibliothek (EPA) verglichen werden können (Abb. 15).

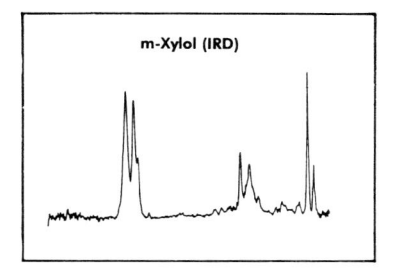

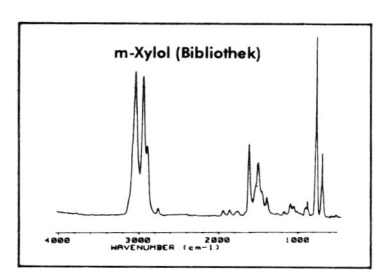

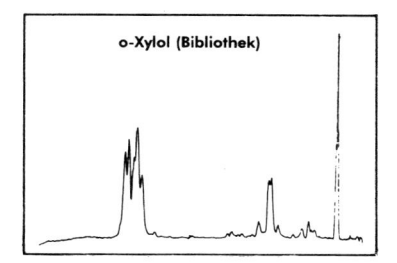

Abbildung 15
Spektren von m-Xylol aus dem Total Response Chromatogramm und ein Vergleich mit der Standardbibliothek

Die Massenspektrometrie ist zur Strukturaufklärung der meisten organischen Verbindungen sehr gut geeignet. Eine Ausnahme bilden Isomere, z.B. ortho-, meta- und para-substituierte Dichlorbenzole, die praktisch identische Massenspektren besitzen. Wie aus Abb. 16 hervorgeht unterscheiden sich jedoch deren Infrarotspektren. Über eine routinemäßig durchgeführte Bibliothekssuche kann die Anwesenheit dieser Isomere eindeutig zugeordnet werden.

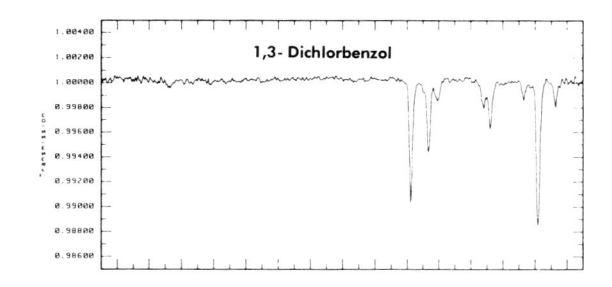

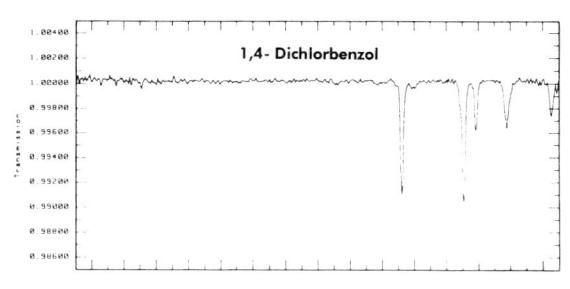

Abbildung 16
IR-Spektren von Dichlorbenzolisomeren

Weitere Informationen:
W.P. Duncan
„Industrial Solvents"
„Priority Pollutants"

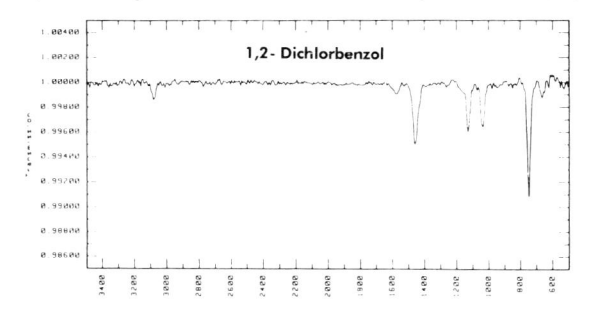

4.4 Metallische und metallorganische Verbindungen

Metallische Verbindungen können nach Umsetzung zu einem Farbkomplex photometrisch bestimmt werden. Dieses Verfahren wird besonders für Blei, Cadmium und Quecksilber angewendet. Eine geeignete und sehr selektive Methode ist auch der Nachweis mit einem Atomemissionsdetektor nach gaschromatographischer Trennung.

Metalle sind weit in unserer Umwelt verbreitet, ihre Akkumulation kann zu Gesundheitsschäden führen. Dies gilt besonders für Blei, Quecksilber und Cadmium.
Blei gelangt vor allem über Blei-Tetraethyl in Kraftstoff oder Zinn-Blei-Batterien in unsere Nahrungskette einschließlich dem Trinkwasser. Die chronische Bleizufuhr beeinflußt die Blutbildung, das Nervensystem, Niere und Muskulatur. Cadmium, das wegen seiner Korrosionsbeständigkeit sehr gerne zur Werkstoffherstellung verwendet wird, beeinträchtigt ebenfalls die Nierenfunktion sowie die Lungenfunktion. Bei Quecksilber muß eine Unterscheidung in anorganische und organische Verbindungen getroffen werden. Quecksilber-Salze führen zwar zu akut toxischen Vergiftungen, chronische Wirkungen sind weniger häufig. Metallorganische Quecksilber-Verbindungen führen zu motorischen und sensorischen Störungen.

UV/VIS-Spektroskopie

HP 8452 UV/VIS-Spektrophotometer

Schwermetalle bilden mit Dithizon rot gefärbte Chelate. Da mehrere Elemente diesen Komplex bilden, ist es erforderlich, exakte Analysenbedingungen, z.B. pH, einzuhalten. Die anderen Metalle müssen entweder vorher abgetrennt oder maskiert werden.

Gegenüber konventionellen Photometern bietet die Diodenarrayspektrometrie bei quantitativen Messungen Vorteile.

1. Mehrere Wellenlängen können gleichzeitig gemessen werden. Durch Einführen einer internen Referenz können Intensitätsschwankungen der Lichtquelle ausgeglichen werden. Bei der Bandbreitenvergrößerung wird über einen definierten Wellenlängenbereich eine mittlere Absorption gebildet. Durch diese Einbeziehung mehrerer Werte wird das Signal/Rausch-Verhältnis und die Nachweisgrenze verbessert (Abb. 17).

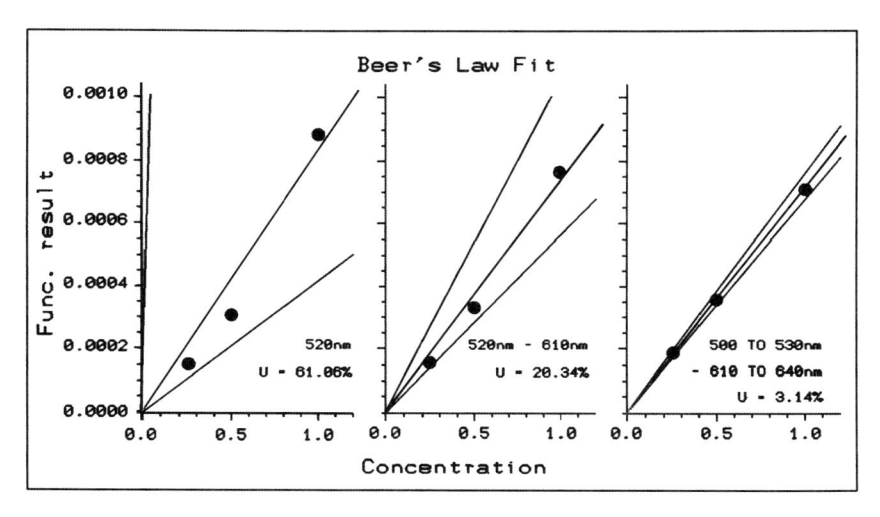

Abbildung 17
Eichkurven
a) ohne interne Referenz
b) mit interner Referenz
c) mit interner Referenz und Bandbreitenvergrößerung

2. Da Diodenarrayspektrometer im Gegensatz zu konventionell mechanisch-scannenden Photometern keine beweglichen Teile besitzen, treten keine Fehler bei wiederholten Wellenlängenänderungen auf. Mit Diodenarrayspektrometern ist es möglich, an der Flanke einer Absorptionsbande zu messen; im Gegensatz zu konventionellen Photometern, wo die Gefahr besteht, daß bei Messungen an der Flanke ein geringer Fehler in der Wellenlänge einen großen Extinktionsfehler liefert (Abb. 18).

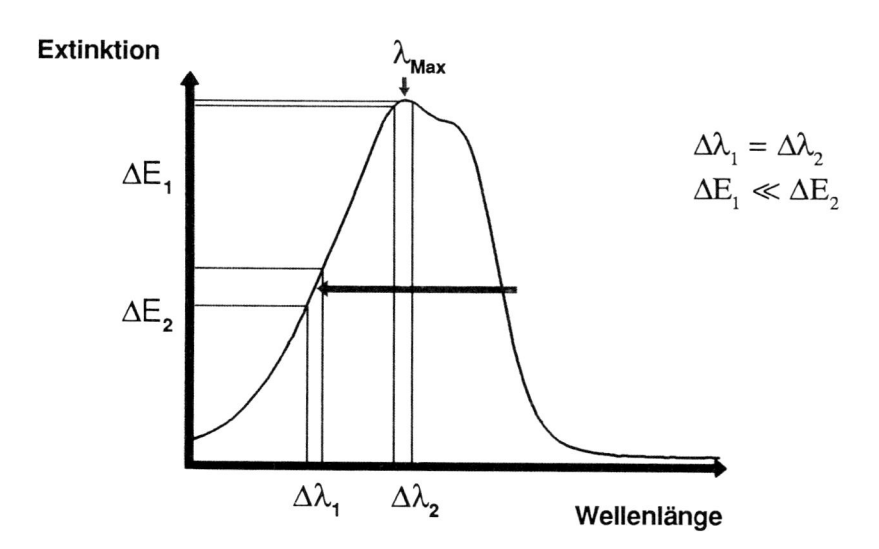

$$\Delta\lambda_1 = \Delta\lambda_2$$
$$\Delta E_1 \ll \Delta E_2$$

Abbildung 18
Einfluß der Wellenlängen-Reproduzierbarkeit auf die Extinktionswerte bei Messung am Bandenmaximum und an der Flanke

3. Der dynamische Bereich eines Diodenarrayspektrometers kann durch eine Mitteilung über die Zeit und die Wellenlängen vergrößert werden. Abb. 19 macht deutlich, daß bei Einbeziehung mehrerer Spektren das Rauschen verringert und die Nachweisgrenze verbessert wird.

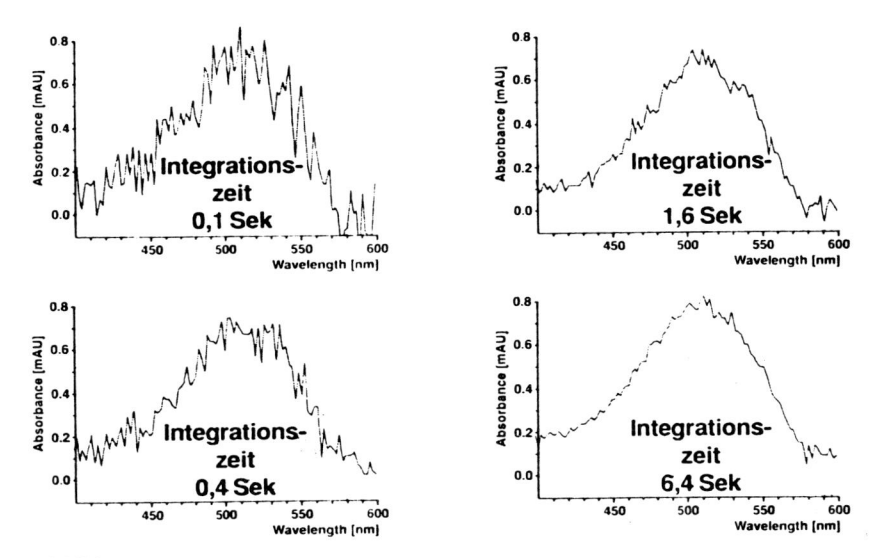

Abbildung 19
Einfluß der Integrationszeit auf das Signal-Rausch-Verhältnis

Weitere Informationen:
A.J. Owen
„Diodenarray-Technologie in der UV/VIS-Spektroskopie"

Gaschromatographie

HP 5890A Gaschromatograph mit HP 5921A Atomemissionsdetektor

Die GC-AED (Gaschromatographie-Atomemissionsdetektion) ermöglicht es, Verbindungen elementselektiv zu detektieren. Die durch ein mikrowelleninduziertes Plasma angeregten Atome senden charakteristische Atomemissionsspektren aus, die von einem speziellen Diodenarray-Spektrophotometer erfaßt werden. Diese Methode eignet sich auch besonders für metallorganische Verbindungen, da Kohlenstoff und Metalle selektiv detektiert werden können. Abb. 20 zeigt die Analyse von Methyl-Quecksilber.

Kohlenstoff 193,1 nm   **Quecksilber 184,9 nm**

← 12,2 pg →
Methyl-Quecksilber

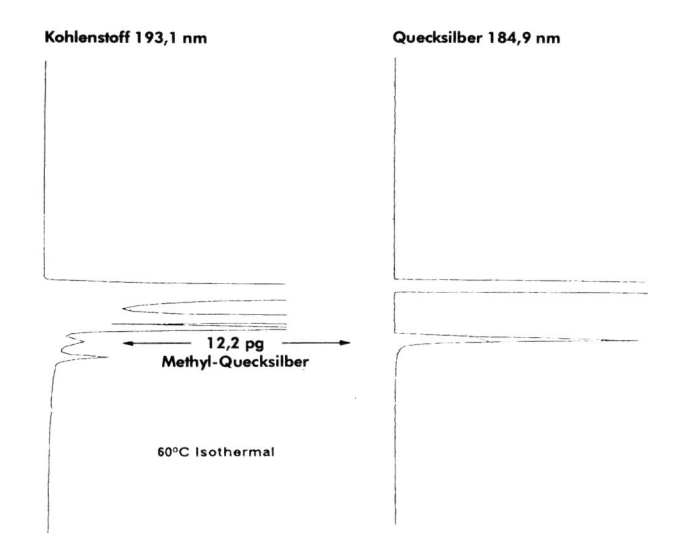

60°C Isothermal

Abbildung 20
Methyl-Quecksilber

Ein weiteres Anwendungsbeispiel des Atomemissionsdetektors in der Analyse metallorganischer Verbindungen liefert Abb. 21. Bleihaltiges Benzin wurde spezifisch auf Kohlenstoff und Blei untersucht.

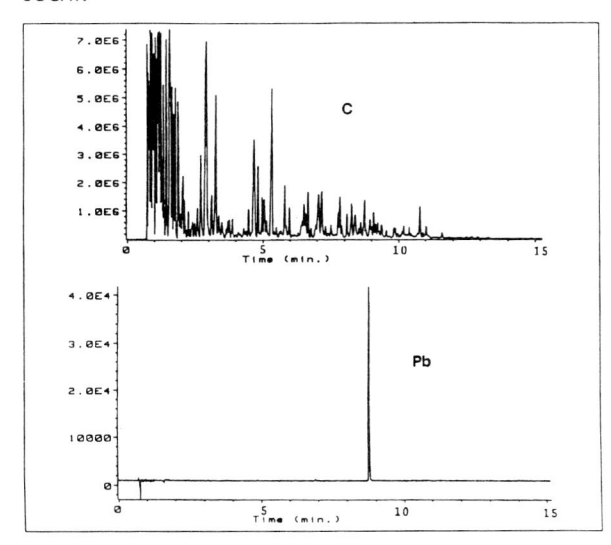

Abbildung 21
Elementspezifische Chromatogramme eines handelsüblichen, verbleiten Benzins
Säule: 20 m x 0,32 mm x 0,17 µm, HP-1
Trägergas: Helium (41 cm/sec)
Temperaturprogramm: 40°C (2 min) - 10°C/min - 175°C (1 min) - 30°C/min - 250°C
Injektion: Split, 100:1

Weitere Informationen:
P.L. Wylie
„Specific Detection of Lead in Gasoline by Gas Chromatography using the Hewlett-Packard 5921A Atomic Emission Detector",
R. Buffington
„GC Atomic Emission Spectroscopy using Microwave Plasma"

4.5 Pflanzenbehandlungsmittel

Entsprechend den unterschiedlichen Wirkungen besitzen die einzelnen Pestizide auch sehr unterschiedliche chemische Strukturen. Zu ihrem Nachweis eignen sich daher auch die verschiedensten analytischen Methoden.
Die chromatographische Trennung kann sowohl mittels GC als auch HPLC durchgeführt werden. Als Detektoren bieten sich bei der HPLC der Diodenarraydetektor oder das Massenspektrometer an. Sehr gute Resultate liefern in der Gaschromatographie der Stickstoff-Phosphor-Detektor (NPD), der Massenselektive Detektor (MSD) oder der elementspezifische Atomemissionsdetektor (AED).

Pflanzenbehandlungsmittel werden unter anderem gegen Insekten (Insektizide), schädliche Pilze (Fungizide) und Unkräuter (Herbizide) eingesetzt. Die wichtigsten chemischen Vertreter sind Organochlor-Verbindungen, Harnstoffderivate, Triazine, Carbamate oder Organo-Phosphate.
Zur Substanzklasse der Organochlor-Pestizide gehören so bekannte Verbindungen wie DDT, Lindan, Aldrin oder Dieldrin. Sie wurden vor allem in den vierziger Jahren weltweit verwendet. Obwohl ihre Produktion und ihr Einsatz in den westlichen Industrieländern weitgehend verboten oder eingeschränkt ist, sind sie aufgrund ihrer Persistenz noch immer in Böden, Tieren, Pflanzen oder Lebensmittel zu finden.
1,3,5-Triazine, die eine hohe herbizide Aktivität besitzen, finden eine weite Verbreitung in der Landwirtschaft. Ein wichtiger Vertreter dieser Verbindungsklasse ist Atrazin. Da die verschieden substituierten Triazine ein unterschiedliches Verhalten im Boden aufweisen, ist es wichtig, nicht nur die Ausgangsverbindungen, sondern auch ihre Metaboliten nachzuweisen.
Substituierte Harnstoff-Derivate besitzen ebenfalls eine herbizide Wirkung. Praktische Bedeutung haben vor allem Phenylharnstoff-Derivate, aber auch Sulfonylharnstoffe oder cyclische Uracilderivate.

Flüssigkeitschromatographie

HP 1090M Flüssigkeitschromatograph mit Diodenarraydetektor

Die Triazine werden oft gemeinsam mit den Phenylharnstoff-Derivaten eingesetzt. Für den Nachweis der Triazine sind sowohl die Gaschromatographie als auch die Hochleistungsflüssigkeitschromatographie geeignet, nicht jedoch für die thermolabilen Harnstoff-Derivate. Diese werden besser mit der HPLC bestimmt. Abb. 22 zeigt die Trennung einer Standard-Pestizid-Mischung bei unterschiedlichen Konzentrationen. Die Proben wurden um den Faktor 2000 angereichert.

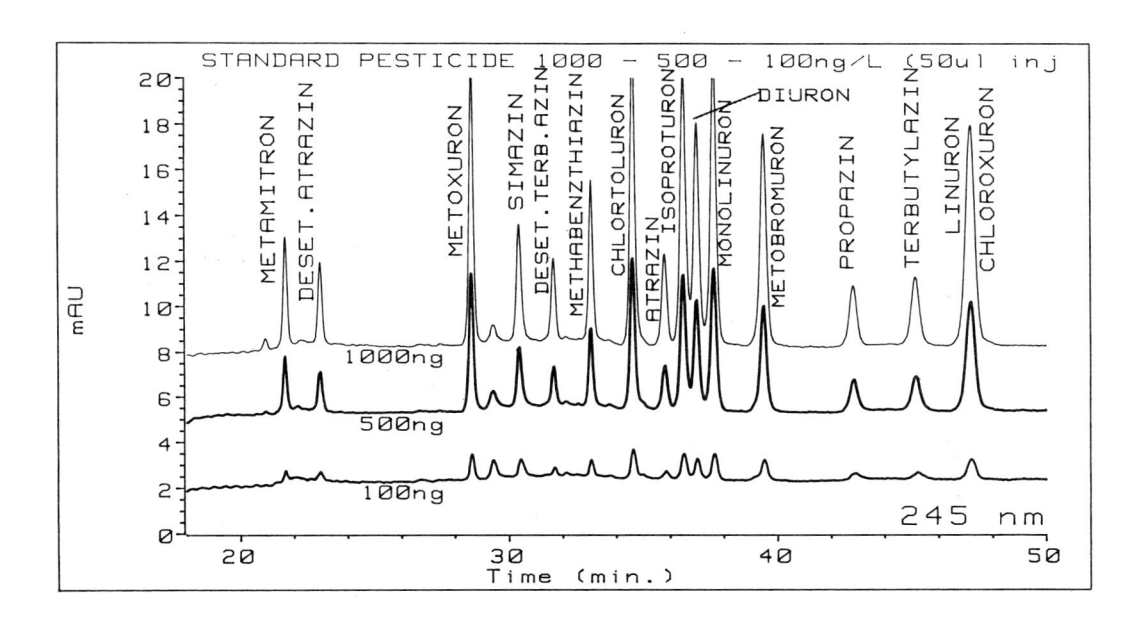

Abbildung 22
Standard-Pestizid-Mischung bei unterschiedlichen Konzentrationen
Säule: 300 x 4,0 mm, MOS
Mobile Phase: A: 0,002 m Natrium-Acetat-Puffer (pH 6,5)
B: Acetonitril, Gradient
Detektion: 245 nm
Injektionsvolumen: 50 µl

Die Bestimmung von z.B. Atrazin ist über einen Bereich von 50 ng/l zu 1000 ng/l möglich und linear (Abb. 23).

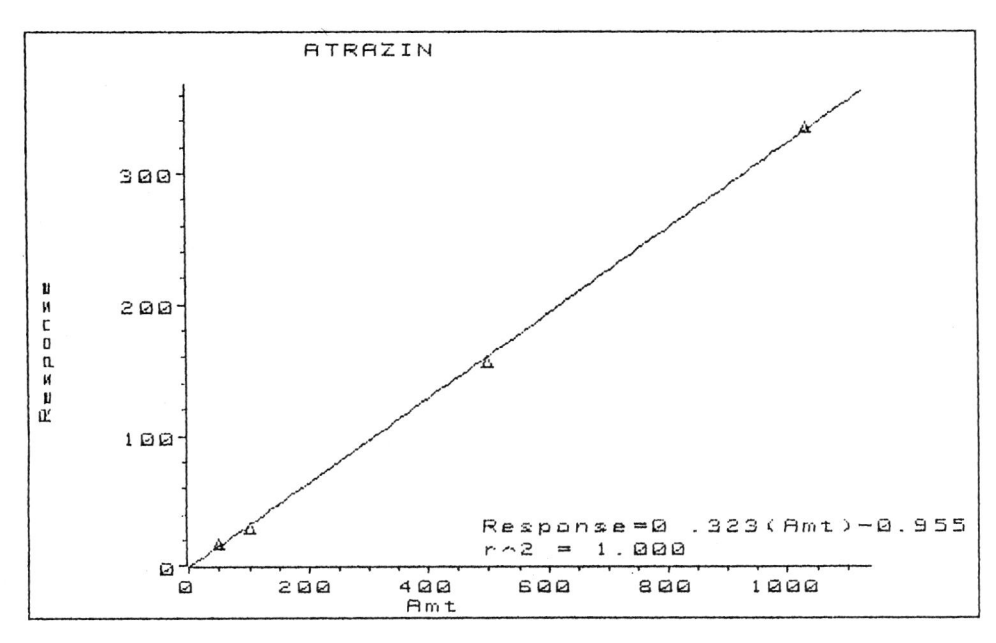

Abbildung 23
Linearer Konzentrationsbereich (ng/l) für die Bestimmung von Atrazin

In Abb. 24 ist eine Wasseranalyse zu sehen. Die Ausgangsmenge von 2 l wurde über eine C$_{18}$-Phase um den Faktor 2000 angereichert. Es wurden unter anderem Chlortoluron und Atrazin gefunden.

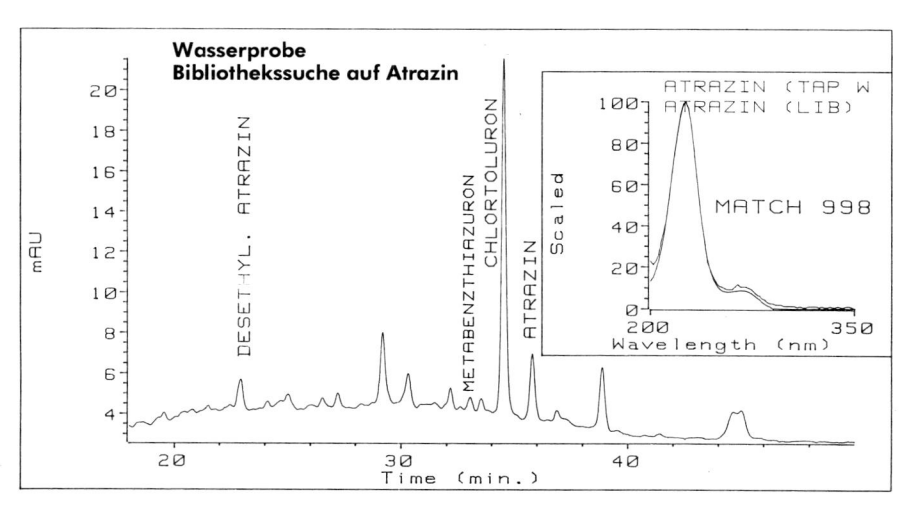

Abbildung 24
Chromatogramm einer Wasserprobe

Werden Komponenten nur über ihre Retentionszeit bestimmt, besteht immer die Gefahr, daß die entsprechenden Peaks falschen Substanzen zugeordnet werden. Bei Verwendung eines Diodenarraydetektors, der kontinuierlich Spektren mißt und speichert, können die Analysenergebnisse zuverlässig abgesichert werden. Der Vergleich des Spektrums des Peaks bei 34,5 min mit dem Chlortoluron-Standardspektrum in einer Spektrenbibliothek fällt positiv aus (siehe Abb. 25); das Wasser ist also tatsächlich mit Chlortoluron belastet. Entsprechende Spektrenvergleiche können auch für die restlichen Peaks vollautomatisch durchgeführt werden.

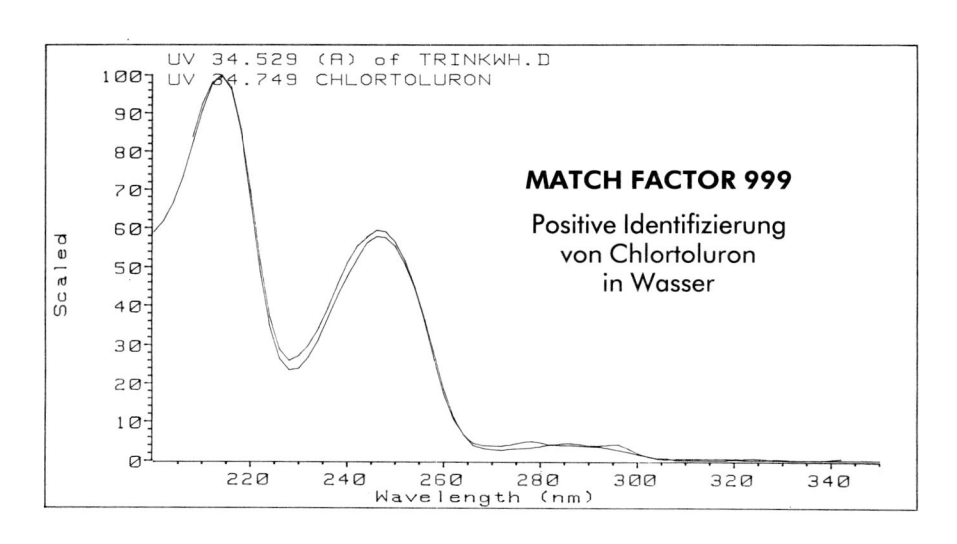

Abbildung 25
Identifizierung von Chlortoluron durch Spektrenvergleich mit einem Standardspektrum

Weitere Informationen:
R. Schuster
„Trace Determination of Atrazine and some of its Degration Products"

Massenspektrometrie

HP 1090M mit HP 5988A Massenspektrometer und Particle-Beam-Interface

Die Particle-Beam-Technik ist für eine Vielzahl von Applikationen in der Umweltanalytik geeignet. Bei diesem Verfahren wird die HPLC-Strömung durch Helium vernebelt und das Spray durch eine enge Düse gebündelt. In einem doppelstufigen Massen-Separator werden dann die zu untersuchenden, schwereren Substanzmoleküle in der optischen Achse angereichert, während die leichteren Moleküle (die mobile Phase der HPLC) durch ein Hilfsvakuum abgepumpt werden. Der Molekülstrahl wird schließlich in der Ionenquelle des Massenspektrometers vollständig verdampft, so daß die nun freien Substanzmoleküle den gängigen Ionisierungsmethoden zugänglich sind. Diese neue Methode liefert in Kombination mit der Hochleistungsflüssigkeitschromatographie auch für nichtflüchtige und thermisch labile Substanzen reproduzierbare Elektronenstoßspektren (EI), die mit Standard-Massenspektrenbibliotheken verglichen werden können.

Selbstverständlich ist auch eine Messung mit Chemischer Ionisation (CI) möglich, da dieselbe umschaltbare EI/CI-Ionenquelle wie für die GC-MS-Systeme verwendet wird.

Abb. 26 zeigt ein Chromatogramm mehrerer Phenylharnstoffderivate und Organophosphor-Pestizide. Die Substanzen wurden über die Hochleistungsflüssigkeitschromatographie getrennt, im SIM-Betrieb gemessen und als Einzelmassenspuren dargestellt (NH_4^+ pos. Ionen- CI-Massenspektrometrie).

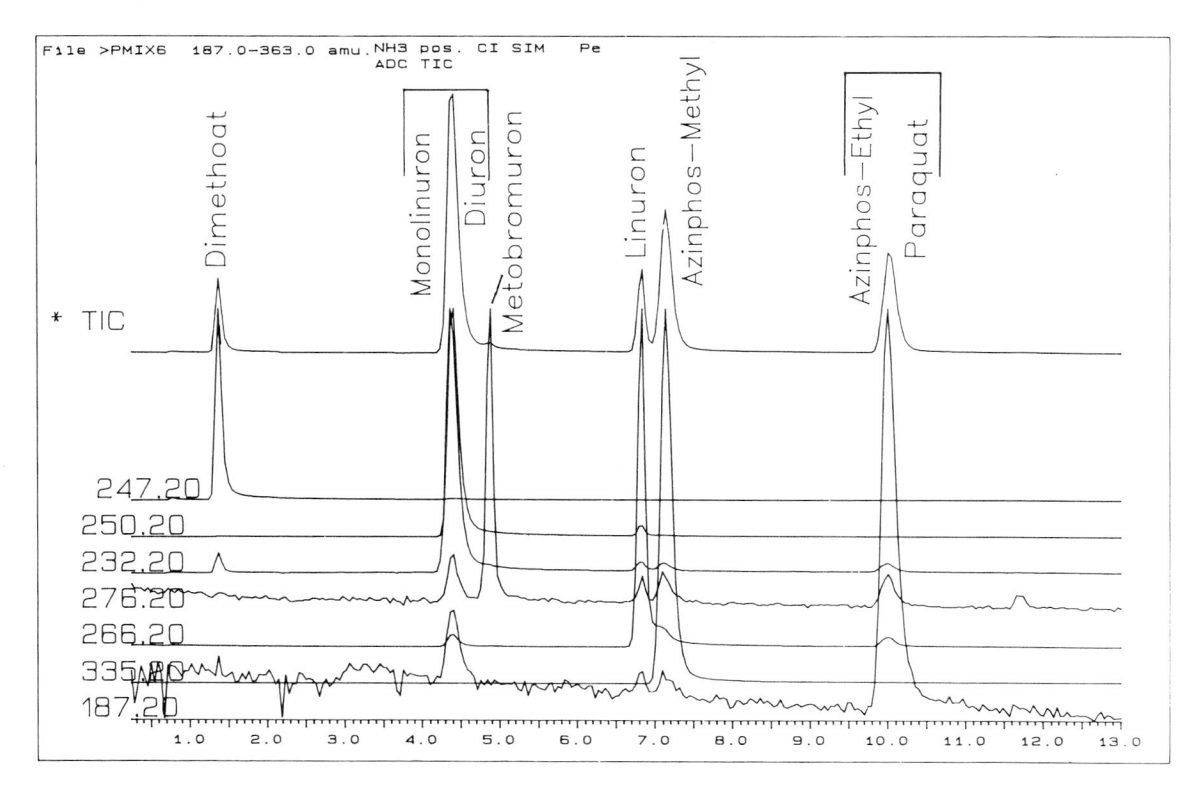

Abbildung 26
Chromatogramme einer Pestizid-Standard-Mischung
Säule: 100 x 2,1; ODS, 5 μm
Mobile Phase: A: Wasser
B: Methanol
Gradient: 30 - 80 % B in 20 min
Fluß: 0,4 ml/min
Detektion: 187 - 363 amu, Ionen je 500 ms

Das EI-Spektrum des Peaks bei 7,3 Minuten wurde mit der Spektrenbibliothek verglichen. Die beiden Pestizide Azinphos-Methyl und Azinphos-Ethyl zeigen allerdings dasselbe Fragmentierungsmuster und können anhand der EI-Spektren nicht unterschieden werden (Abb. 27).

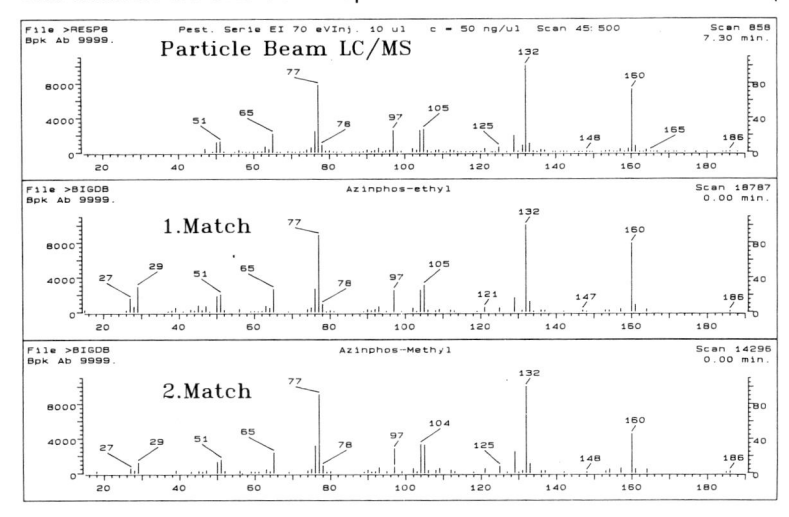

Abbildung 27
EI-Spektren von Azinphos-Ethyl und Azinphos-Methyl

Wie aus Abb. 28 deutlich wird, ist in diesem Fall die Aufnahme der CI-Spektren mit NH_4^+ als Reaktandgas besser geeignet. Die beiden Substanzen können anhand dieser Spektren eindeutig unterschieden werden.

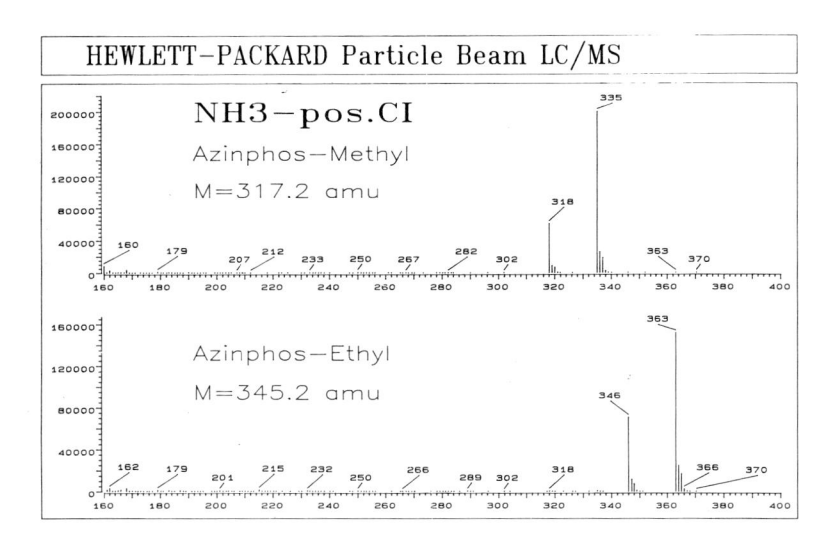

Abbildung 28
CI-Spektren von Azinphos-Methyl und Azinphos-Ethyl

Abb. 29 macht am Beispiel des Phenylharnstoff-Derivats Metobromuron noch einmal den Unterschied von EI- und CI-Spektren deutlich. Ein Umschalten zwischen diesen beiden Techniken ist in Minutenschnelle möglich. Die negative chemische Ionisation eignet sich mit hoher Selektivität besonders für halogenierte Verbindungen.

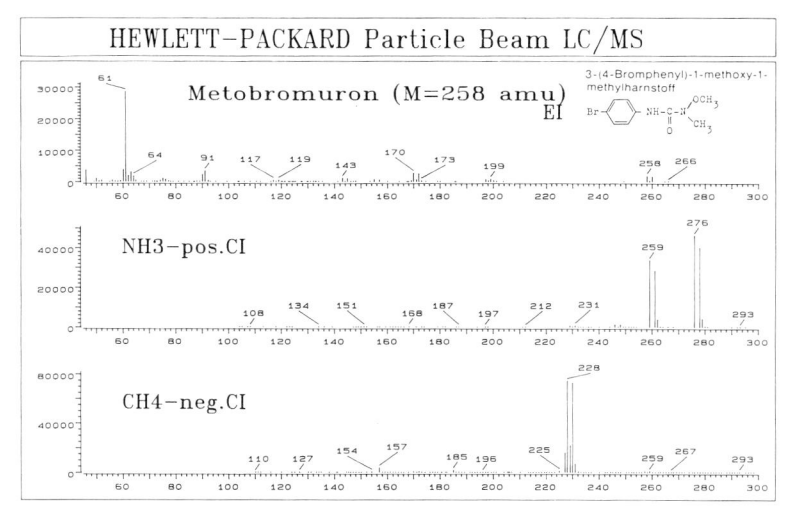

Abbildung 29
EI-Spektrum, NH$_3$-pos. CI- und CH$_4$-neg. CI-Spektren von Metobromuron

Gaschromatographie

HP 5880A und HP 5890A Gaschromatographen mit Stickstoff/Phosphor-Detektor (NPD)

Eine gängige Methode zur Bestimmung stickstoffhaltiger Pestizide ist die Gaschromatographie in Verbindung mit einem Stickstoff/Phosphor-Detektor.

Abb. 30 zeigt das Chromatogramm einer Standard-Mischung.

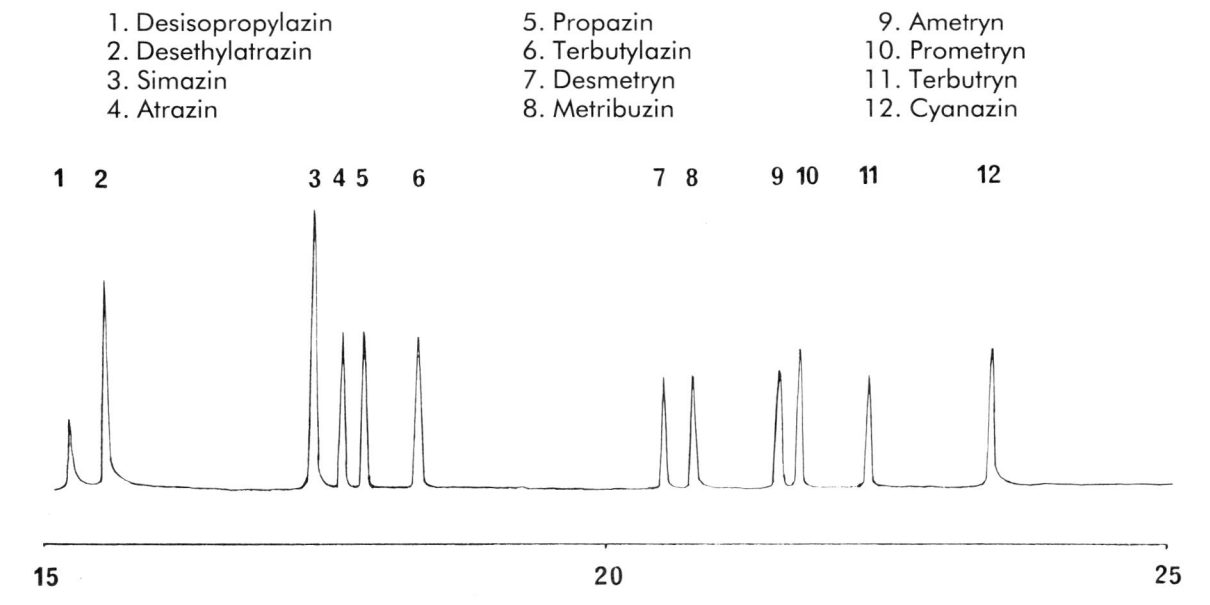

1. Desisopropylazin
2. Desethylatrazin
3. Simazin
4. Atrazin
5. Propazin
6. Terbutylazin
7. Desmetryn
8. Metribuzin
9. Ametryn
10. Prometryn
11. Terbutryn
12. Cyanazin

Abbildung 30
Chromatogramm einer Standard-Pestizid-Mischung
Säule: 60 m x 0,33 mm x 0,25 µm, HP-5
Temperaturprogramm: 60°C (1 min) - 30°C/min - 150°C (1 min) - 230°C
Injektion: Splitless
Trägergas: Helium (29cm/sec)

Organophosphorpestizide lassen sich ebenfalls gaschromatographisch mit einem NP-Detektor bestimmen.

1. Dichlorphos	10. Formothion	19. Ditolimfos
2. Chlormephos	11. Parathion-methyl	20. Profenofos
3. Thionazin	12. Fenchlorphos	21. Chlorthiophos
4. Sulfotepp	13. Fenitrothion	22. Carbophenothion
5. Dimethoat	14. Malathion	23. Phosmet
6. Dioxathion	15. Parathion-ethyl	24. Phosalon
7. Diazinon	16. Bromophos-methyl	25. Pyrazophos
8. Disulfoton	17. Chlorfenvinphos	
9. Etrimfos	18. Bromophos-ethyl	

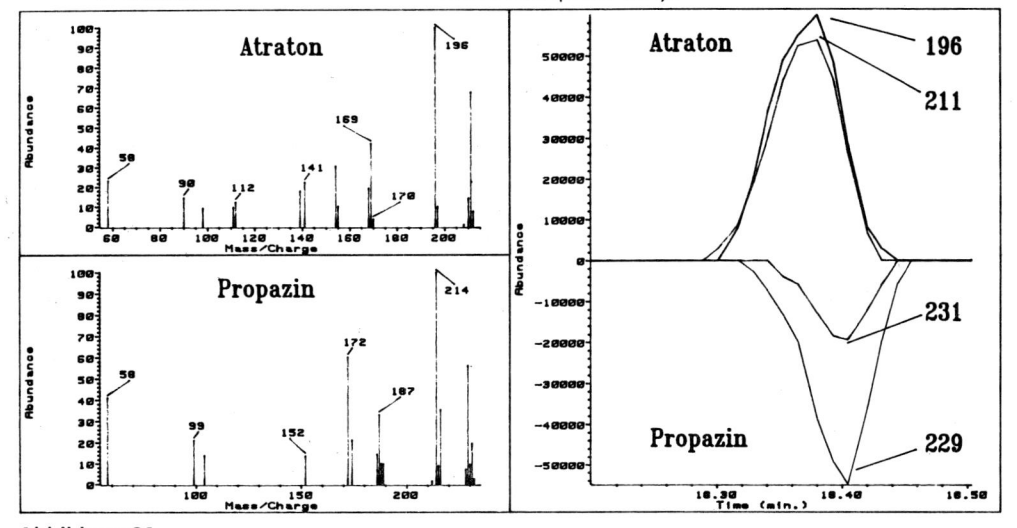

Abbildung 31
Organophosphorpestizide
Das Chromatogramm wurde mit einer HP Fused Silica Kapillare Ultra 2,50 m x 0,33 mm x 0,2 μm aufgenommen.
Temperaturprogramm: 90°C (4min) - 30°C/min - 180°C - 3°C/min - 250°C (15min) - 3°C/min - 260°C (10min)
Trägergas: Helium
Injektion: Splitless

Massenspektrometrie

HP 5890A Gaschromatograph und HP 5970B Massenselektiver Detektor (MSD)

Für die Detektion mit dem MSD, einem Quadrupol-Massenspektrometer, wurden die Meßtechniken SCAN und SIM (Selected Ion Monitoring) eingesetzt. In der SCAN-Technik wird von der Probe ein Totalionenstromchromatogramm aufgenommen, dessen Peaks anhand ihrer Spektren zu identifizieren sind. In der SIM-Technik werden die vom Anwender ausgewählten signifikanten Massen der Substanzspektren zur Aufzeichnung der Massenchromatogramme eingesetzt. Diese dienen, basierend auf den Daten Retentionszeit, Massenzahl und korrektes Verhältnis Massenzahl/Intensität, zur zweifelsfreien Substanzidentifizierung und Quantifizierung.
Für die gaschromatographische Trennung der Herbizide wurden zwei Phasen unterschiedlicher Polarität geprüft. Auf der semipolaren Phase DB 17 (50 % Phenylmethylsilikon) koeluieren Atraton und Propazin, die jedoch aufgrund ihrer Massenspektren zu unterscheiden sind (Abb. 32).

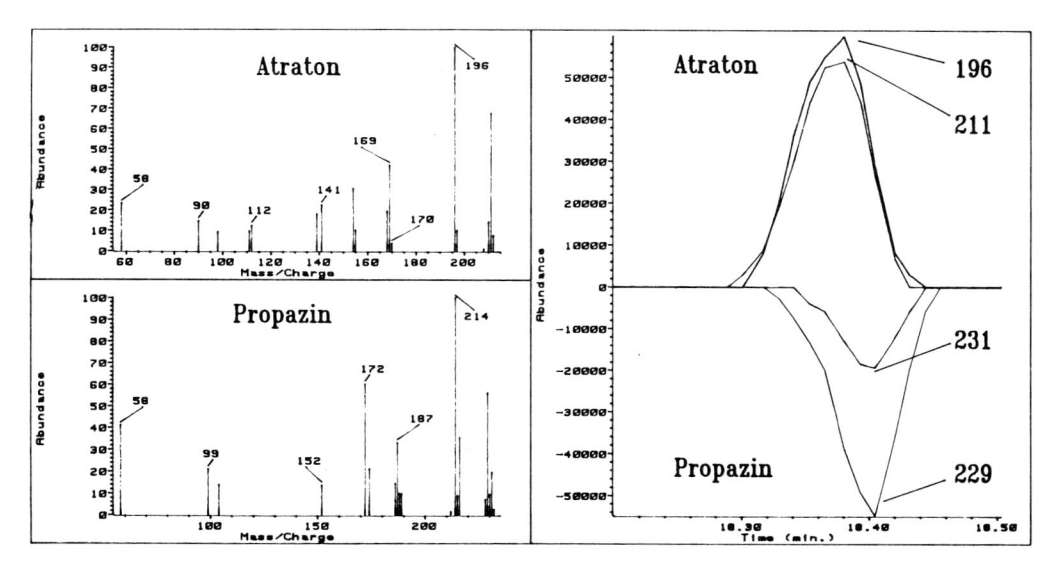

Abbildung 32
Massenspektren der Herbizide aus einer Anwenderbibliothek (links) sowie Differenzierung koeluierender Substanzen aufgrund ihrer signifikanten Massenchromatogramme

Die Trennung kann auf der schwachpolaren Phase HP ULTRA 2 (5 % Phenylmethylsilikon) optimiert werden. Die Wahl der stationären Phase bestimmt die Trennleistung und die Elutionsfolge (Abb. 33).

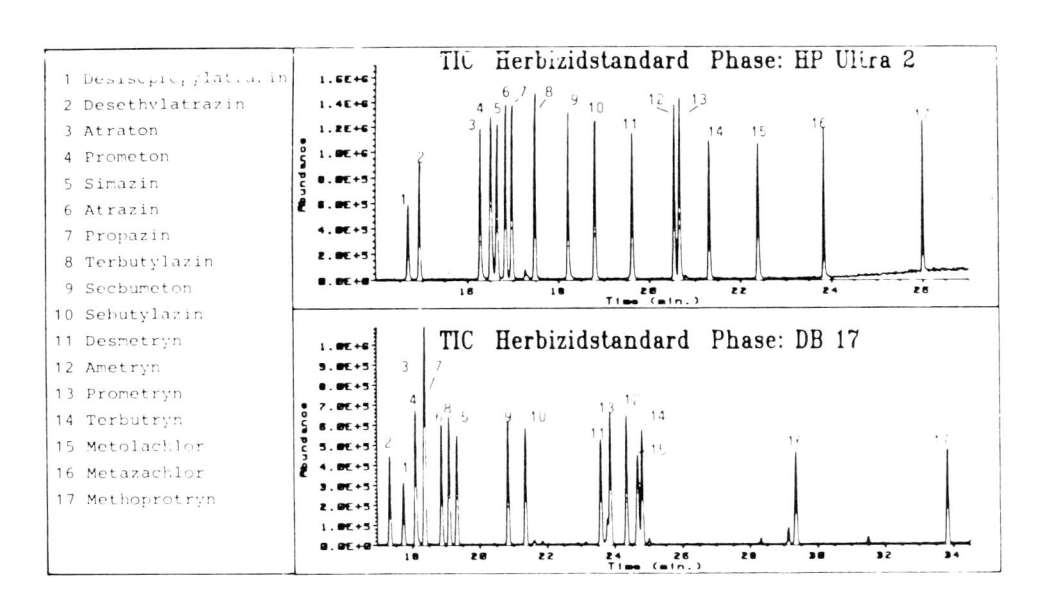

1 Desisopropylatrazin
2 Desethylatrazin
3 Atraton
4 Prometon
5 Simazin
6 Atrazin
7 Propazin
8 Terbutylazin
9 Secbumeton
10 Sebutylazin
11 Desmetryn
12 Ametryn
13 Prometryn
14 Terbutryn
15 Metolachlor
16 Metazachlor
17 Methoprotryn

Abbildung 33
Totalionenstromchromatogramme des Herbizidstandards (10 µg/ml), SCAN-Betrieb
Säulen: 50 m x 0,2 mm x 0,3 µm, crosslinked Phenylmethylsilikon
                         Ultra 2: 5 %, DB 17: 50 %
Trägergas: Helium (29 cm/sec)
Temperaturprogramm: 50°C (1 min) - 40°C/min - 170°C (0,5 min) - 4°C/min - 240°C - 15°C/min - 285°C
Injektion: Splitless

Am Beispiel Atrazin wird die Nachweisgrenze im SCAN-Mode für die hier vorgestellten Herbizide geprüft. Ohne zusätzliche Optimierung der Meßparameter und Anreicherung kann das komplette Spektrum eines Standards der Konzentration 500 ng/ml aufgenommen werden. Nach Optimierung der Tuning Parameter auf die Massen 131/219/264 amu kann ein Spektrum, resultierend aus 250 pg (250 ng/ml) Atrazin, gemessen und positiv mit der NBS-Bibliothek identifiziert werden. Substanzkonzentrationen in Wasserproben im Bereich von wenigen ng/l werden nach Anreicherung mit der SIM-Technik zweifelsfrei nachgewiesen und quantifiziert (Abb. 34).

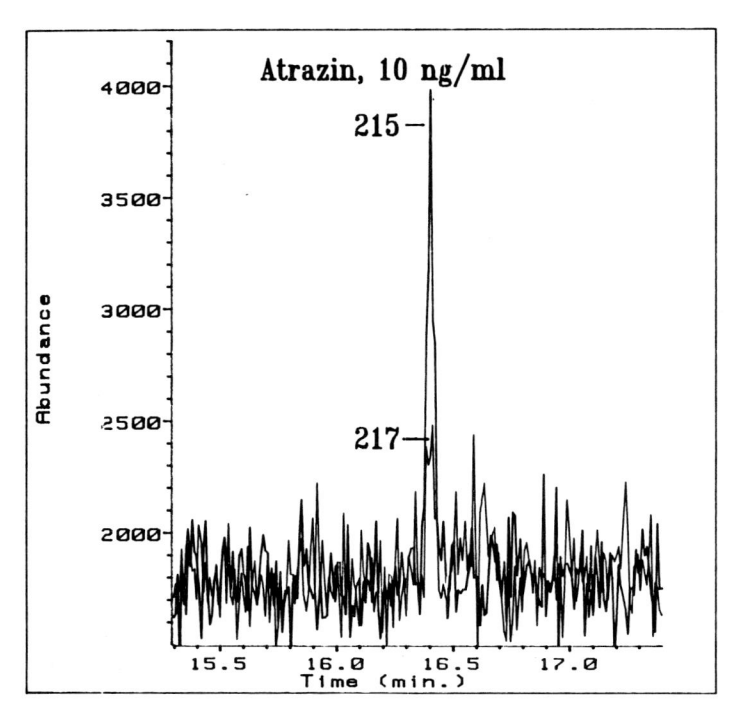

Abbildung 34
Nachweis von 10 pg Atrazin (10 ng/ml) in der Standardlösung, SIM-Mode, Massenchromatogramme der Chlorclusterionen, Signal/Rauschen (m/z 215) : 5/1

Weitere Informationen:
J. Schulz
„Bestimmung von stickstoffhaltigen Herbiziden und Atrazin Metaboliten in Wasser"

18 Chlorpestizide und 7 PCBs wurden gaschromatographisch getrennt. Es wurden Fused Silica Kapillarsäulen unterschiedlicher Phasenpolarität, Säulenlänge sowie die Kombination verschiedener Säulen geprüft (Abb. 35).

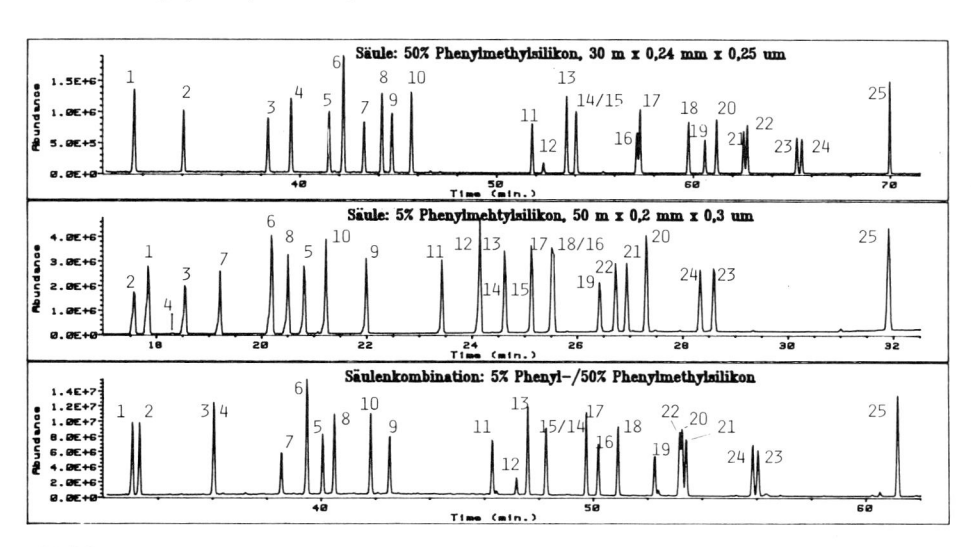

Abbildung 35
Totalionenstromchromatogramme des Pestizid-Standards, 10-100 ng/µl Substanz, SCAN-Mode
Trägergas: Helium (30 cm/sec)
Temperaturprogramm: 60°C (1 min) - 30°C/min - 110°C (0,5 min) - 2°C/min - 240°C - 10°C/min - 270°C
Injektion: Splitless

Die hochauflösende Kapillar-Gaschromatographie wird ihrer Aufgabe jedoch nicht in vollem Umfang gerecht, so daß Koelutionen kaum vermieden werden können. Werden die Substanzen mit dem Massenselektiven Detektor gemessen, können unreine Peaks erkannt und über die Spektren zweifelsfrei identifiziert werden. Eine zusätzliche Möglichkeit, Peaküberlappung zu erkennen, bietet die Color View Software. Die interessierenden Peaks des Totalionenstromchromatogramms werden im signifikanten Massenbereich aufgerufen und dreidimensional dargestellt, z.B. Endosulfan und cis-Chlordan (Abb. 36).

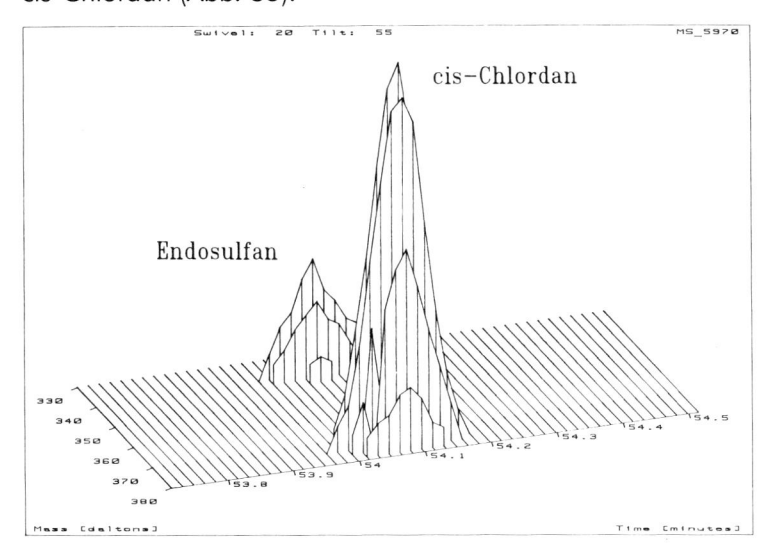

Abbildung 36
Erkennen der Koelution von Endosulfan und Chlordan anhand der unterschiedlichen Maxima der Massenchromatogramme aus dem TIC, Color View Darstellung

Die meisten Organochlorpestizide bilden Isomere und/oder sterisch unterschiedliche Strukturen. Die o,p- und p,p-Isomeren von DDT, DDE und DDD sind anhand ihrer EI-Spektren (Electron Impact) nicht zu unterscheiden. Gleiches gilt für die Isomeren von HCH. Diese Stoffklassen können aber mit der hochauflösenden Kapillar-Gaschromatographie anhand ihres Retentionsverhaltens differenziert werden. Die Cyclodien-Insektizide Heptachlor, Aldrin, Dieldrin und Endrin fragmentieren in relativ komplexe Massenspektren, die jedoch mit der von McLafferty entwickelten PMB (Probability Based Matching) Suchroutine in der NBS-Spektrenbibliothek zu identifizieren sind. Abb. 37 zeigt die Massenspektren ausgewählter Pestizide.

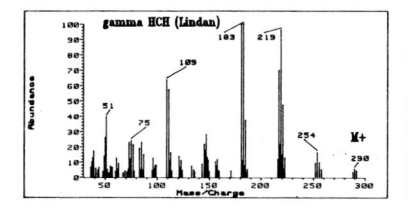

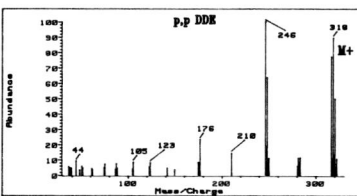

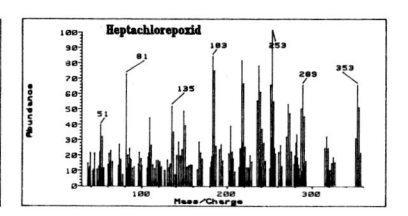

Abbildung 37
Massenspektren ausgewählter Pestizide

Weitere Informationen:
J. Schulz
„GC-MS Analyse von Organochlorpestiziden und PCB"

HP 5890A Gaschromatograph mit einem HP 5921A Atomemissionsdetektor

Für die Analyse komplexer Proben aus der Umwelt bietet sich der Einsatz eines Atomemissionsdetektors an. Ein mikrowellen-induziertes Plasma atomisiert zuvor gaschromatographisch getrennte Verbindungen. Von den angeregten Atomen ausgesandte Atomemissionsspektren können durch ein spezielles Photodiodenarray-Spektrophotometer erfaßt werden. Die elementspezifische Detektion vereinfacht Probenaufarbeitungsschritte und ermöglicht die Analyse selbst komplexer Stoffgemische. Folgende Herbizide wurden anhand 8 verschiedener Elemente analysiert (Abb. 38):

1. Eptam
2. Sutan
3. Tillam
4. Ordram
5. Ro-Neet
6. Trifluralin
7. Atrazin
8. Terbacil
9. Sencor
10. Bromacil
11. Paarlan
12. Goal
13. Hexazinon

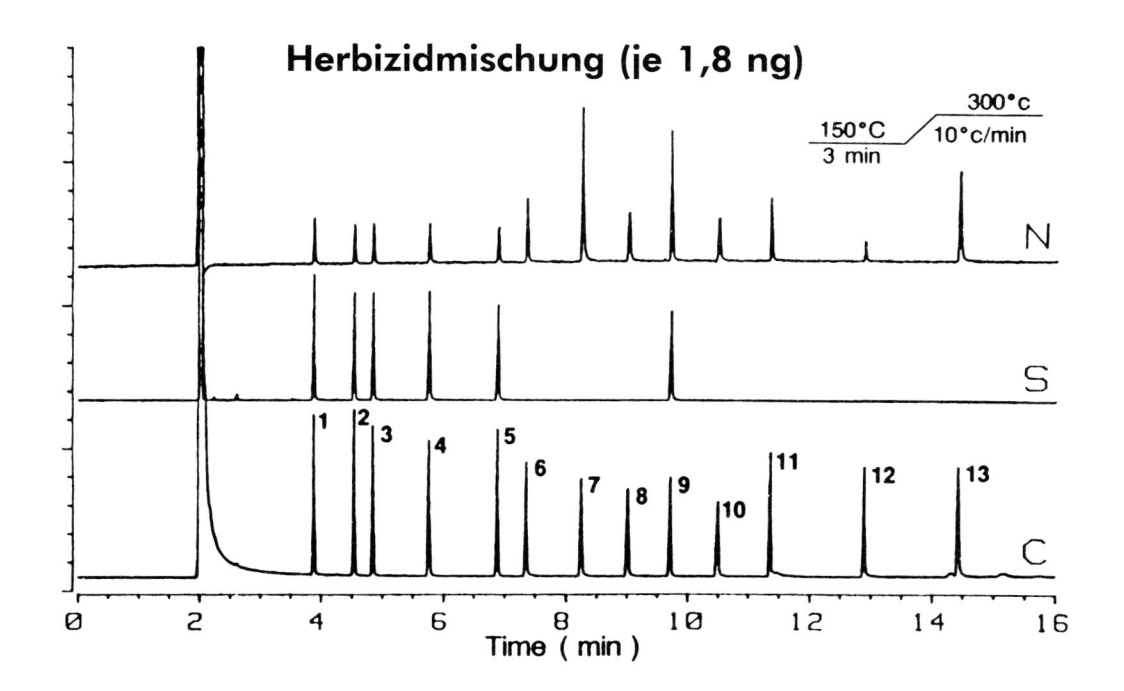

Abbildung 38
Herbizidstandardmischung Säule 25 m x 0,32 mm x 0,17 µm, HP-5

Weitere Informationen:
R. Buffington
„GC-Atomic Emission Spectroscopy using Microwave Plasmas"

4.6 Polychlorierte Biphenyle

Polychlorierte Biphenyle lassen sich schnell und einfach gaschromatographisch mit einem Elektroneneinfangdetektor (ECD) nachweisen. Die Kombination der gaschromatographischen Trennung mit einem Massenselektiven Detektor (MSD) bietet die Möglichkeit, die Komponenten anhand der gemessenen Spektren eindeutig zuzuordnen und die Analysenergebnisse abzusichern.

Polychlorierte Biphenyle sind als Kühl- oder Isolierflüssigkeiten für Transformatoren, als Weichmacher in der Lack- und Klebstoffindustrie sowie als Hydraulikflüssigkeiten im Handel. Sie sind nicht brennbar, hitzebeständig und als gute Lösungsmittel vielseitig anwendbar. Im Gegensatz dazu steht die stark toxische Wirkung der PCBs, die auf einer Schädigung der Stoffwechselorgane und des Nervensystems beruht. PCBs sind aufgrund ihrer Persistenz weit in der Umwelt verbreitet; die gute Fettlöslichkeit bedingt, daß sie sich in menschlichem, tierischem und pflanzlichem Gewebe ablagern und anreichern. Ihre Verwendung wurde zwar reduziert und in der Bundesrepublik teilweise verboten, aber über Importe aus der "Dritten Welt" gelangen weiterhin PCBs in unsere Nahrungskette.
Von Ballschmiter wurde eine Nomenklatur von 209 PCB-Isomeren und -Homologen entwickelt, die seither in der PCB-Analytik eingesetzt wird. In der Routineanalytik werden sechs signifikante Komponenten bestimmt.

Gaschromatographie

HP 5880A/HP 5890A Gaschromatographen mit Elektroneneinfangdetektor (ECD)

Für die PCB-Analytik wird der ECD seit Jahren als Detektor eingesetzt. Er ist ausgesprochen empfindlich für den Nachweis von polychlorierten Halogenkohlenwasserstoffen. Da er aber nicht selektiv für diese Stoffklasse ist, sollte für eine sichere Peakidentifizierung entweder eine Doppelbestimmung auf zwei Kapillarsäulen unterschiedlicher Polarität oder eine Berechnung der Retentionsindizes durchgeführt werden.

Abb. 39 zeigt das Chromatogramm einer Clophen A 40 Probe, aufgenommen mit einem Elektroneneinfangdetektor.

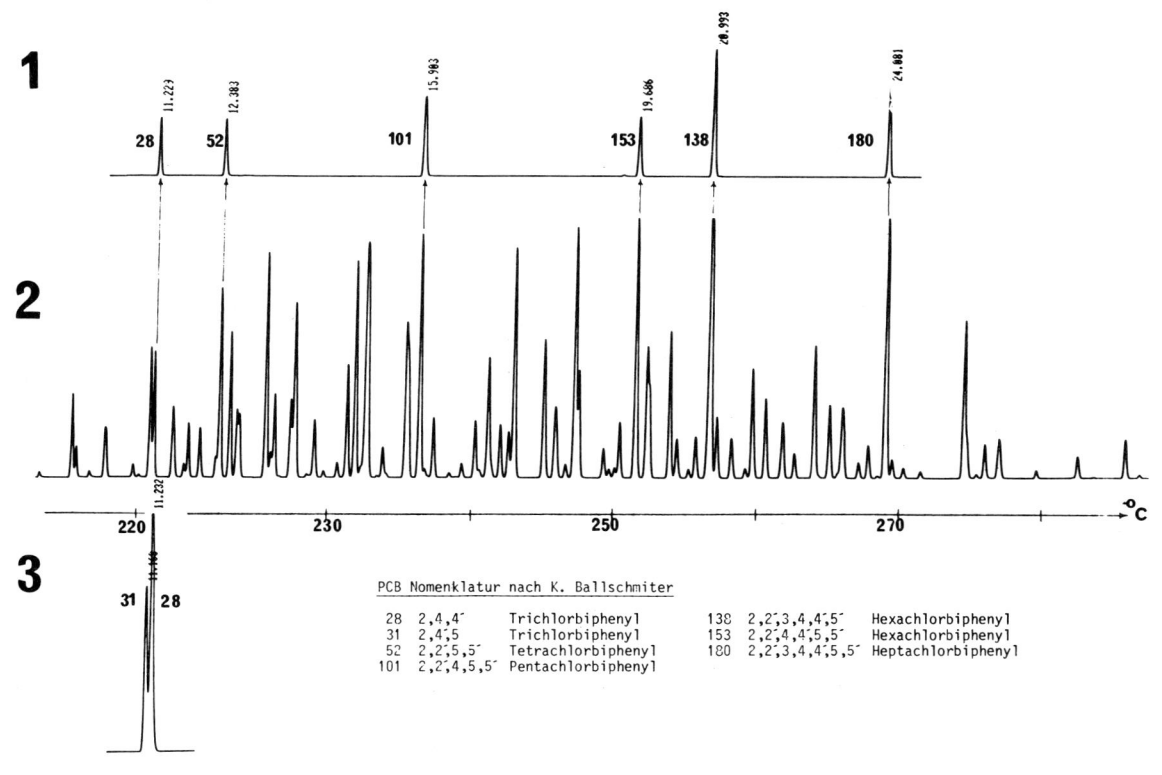

Abbildung 39
Chromatogramm von sechs signifikanten PCBs und Clophen A
Säule: 50 m x 0,2 mm, 0,33 μm, 5 % crosslinked Phenylmethylsilikon
Temperaturprogramm: 90°C (1 min) - 40°C/min - 200°C (0,5 min) - 3°C/min - 230°C - 4°C/min - 300°C
Trägergas: Wasserstoff (49 cm/sec)
Injektion: Splitless (1 μl)

PCB Nomenklatur nach K. Ballschmiter

28	2,4,4´	Trichlorbiphenyl	138	2,2´,3,4,4´,5´	Hexachlorbiphenyl
31	2,4´,5	Trichlorbiphenyl	153	2,2´,4,4´,5,5´	Hexachlorbiphenyl
52	2,2´,5,5´	Tetrachlorbiphenyl	180	2,2´,3,4,4´,5,5´	Heptachlorbiphenyl
101	2,2´,4,5,5´	Pentachlorbiphenyl			

Massenspektrometrie

HP 5890A Gaschromatograph und HP 5970B Massenselektiver Detektor (MSD)

Für die Detektion mit dem MSD, einem Quadrupol-Massenspektrometer, Elektronenstoßionisation, wurden die Meßtechniken SCAN und SIM (Selected Ion Monitoring) eingesetzt. In der qualitativen SCAN-Arbeitsweise werden die Spektren der Probenkomponenten aufgenommen und mit den Referenzspektren einer Bibliothek verglichen. Die SIM-Technik benutzt ausgewählte Massen aus den PCB-Spektren und stellt diese als Massenchromatogramme dar. Nach Integration der Chromatogramme können in Relation zu den Daten einer Standardlösung die PCBs im Picogrammbereich zweifelsfrei identifiziert werden. Die Retentionszeiten der Komponenten, resultierend aus der hochauflösenden Kapillar-Gaschromatographie, dienen zusätzlich zur Massenchromatographie der PCB-Erkennung.

Abb. 40 zeigt das Chromatogramm einer Altölprobe. Im oberen Teil ist ein Probenchromatogramm (Totalionenstromchromatogramm), resultierend aus einer komplexen Matrix, zu sehen. Die Negativ-Darstellung zeigt sechs PCB-Standards, aufgenommen in der SIM-Technik mit drei Ionen pro Komponente.

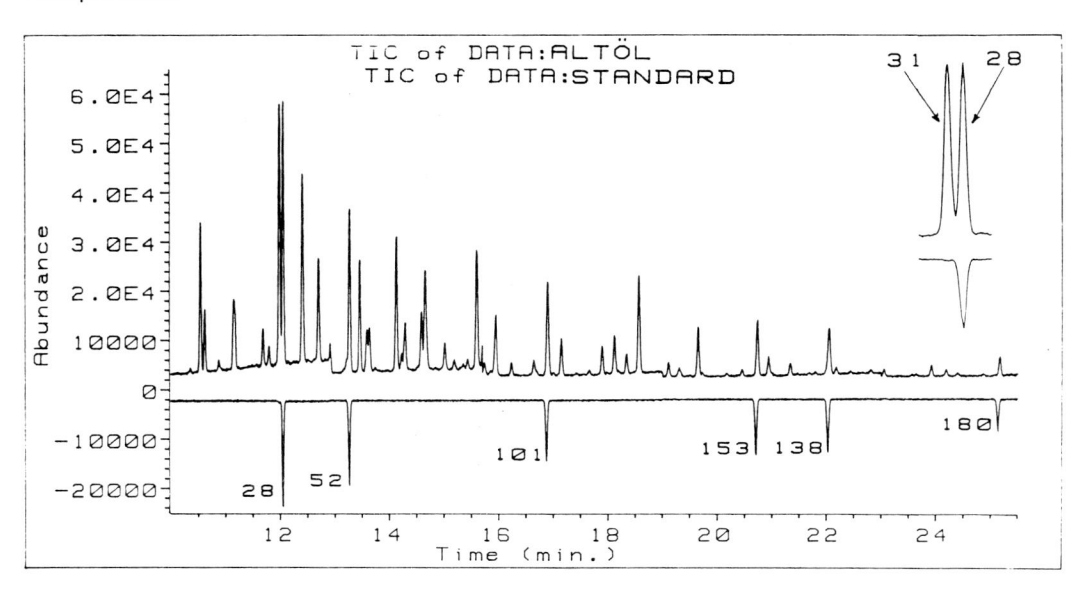

Abbildung 40
SIM-Chromatogramm einer Altölprobe
Negativdarstellung: 160 pg/PCB in der Standardlösung
Ausschnitt: Trennung des PCBs Nr. 31 und 28

Das Elutionsverhalten der PCBs unterscheidet sich nicht nur nach ihrem Chlorierungsgrad, sondern ist innerhalb einer Isomerengruppe auch strukturabhängig. Mit der massenspektrometrischen Detektion kann der Chlorierungsgrad jedes PCBs exakt differenziert werden. PCB-Spektren zeigen die charakteristische Verteilung der Chlorisotope Cl_{35}/Cl_{37}, welche für jede Chlorierungsstufe unterschiedliche Intensitätsverhältnisse aufweist. Zudem zeichnen sich die Spektren durch das Chlor-Cluster des Molions (M+) aus, das auch die Masse höchster Intensität, den Base Peak, beinhaltet. Abb. 41 zeigt die Spektren von sechs signifikanten PCBs.

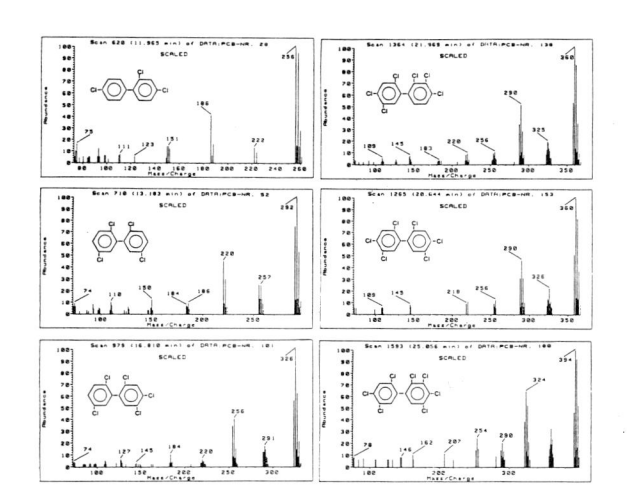

Abbildung 41
Spektren der sechs signifikanten PCBs, je 5 ng/Komponente

Weitere Informationen:
J. Schulz
„Nachweis und Quantifizieren von PCB mit dem Massenselektiven Detektor"
LP-Special 88, S. 144-151

4.7 Polychlorphenole

Zum Nachweis der Polychlorphenole eignet sich besonders die Hochleistungsflüssigkeitschromatographie in Verbindung mit einem Diodenarraydetektor. Mischungen von Polychlorphenolen und verschiedenen substituierten Aromaten können gaschromatographisch getrennt und mit einem Massenspektrometer detektiert werden.

Chlorierte Phenole sind weit verbreitet als Insektizide, Fungizide und Desinfektionsmittel. In den USA werden z.B. jährlich 40.000 Tonnen Pentachlorphenol eingesetzt. Die intensive Verwendung der Polychlorphenole führt wegen der toxischen Eigenschaften dieser Chemikalien zu Problemen. Hinzu kommt, daß in der Umweltanalytik zum Teil nur allgemeine Parameter wie chemischer oder biologischer Sauerstoffbedarf sowie Gesamtkohlenstoff und Gesamtchlorgehalt bestimmt werden. Diese Parameter sind jedoch wertlos, wenn sehr geringe Konzentrationen an toxischen Substanzen analysiert werden müssen.

Hochleistungsflüssigkeitschromatographie

HP 1090 Flüssigkeitschromatograph mit Diodenarraydetektor

Abb. 42 zeigt das Chromatogramm einer Polychlorphenol-Standardmischung. Die Elutionsfolge dieser Verbindungen ist:

1. Phenol
2. o-Chlorphenol
3. p-Chlorphenol
4. m-Chlorphenol
5. 2,6-Dichlorphenol
6. 4-Chlor, 2-Nitrophenol
7. 1-Chlor, 3-Nitrobenzol
8. 2,3-Dichlorphenol
9. 2,5-Dichlorphenol
10. 2,4-Dichlorphenol
11. 3,4-Dichlorphenol
12. 3,5-Dichlorphenol
13. 2,4,6-Trichlorphenol
14. 2,3,4-Trichlorphenol
15. 2,3,5-Trichlorphenol
16. 2,3,5,6-Tetrachlorphenol
17. 2,3,4,5-Tetrachlorphenol
18. Pentachlorphenol

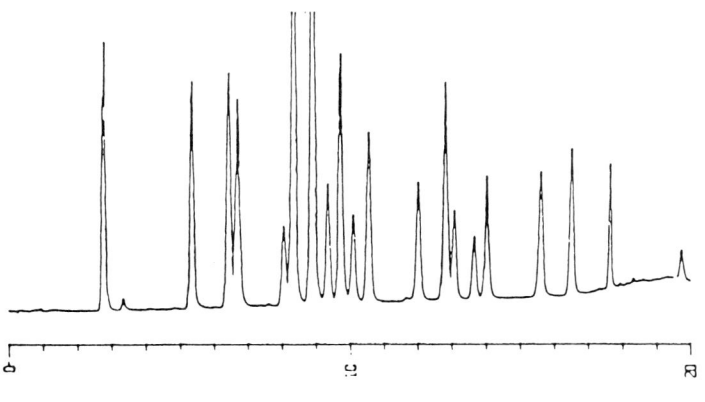

Abbildung 42
Chromatogramm der Chlorphenole
Säule: 100 x 4,6 mm, ODS, 5 µm
Mobile Phase: A: 0,005 m KH_2PO_4, pH 2,5
B: Methanol
Gradient: 20 - 60 % B in 15 min
60 - 90 % B in 3 min
Fluß: 1,5 ml/min
Wellenlänge: 260 nm/80 nm

Abb. 43 zeigt das Chromatogramm einer Abwasserprobe (angereichert um den Faktor 20), überlagert mit der Standardmischung. Entsprechend der großen Anzahl der Verbindungen, die in Abwasser vorliegen können, müssen die Peaks nicht nur über die Retentionszeiten, sondern auch über einen Spektrenvergleich identifiziert werden.

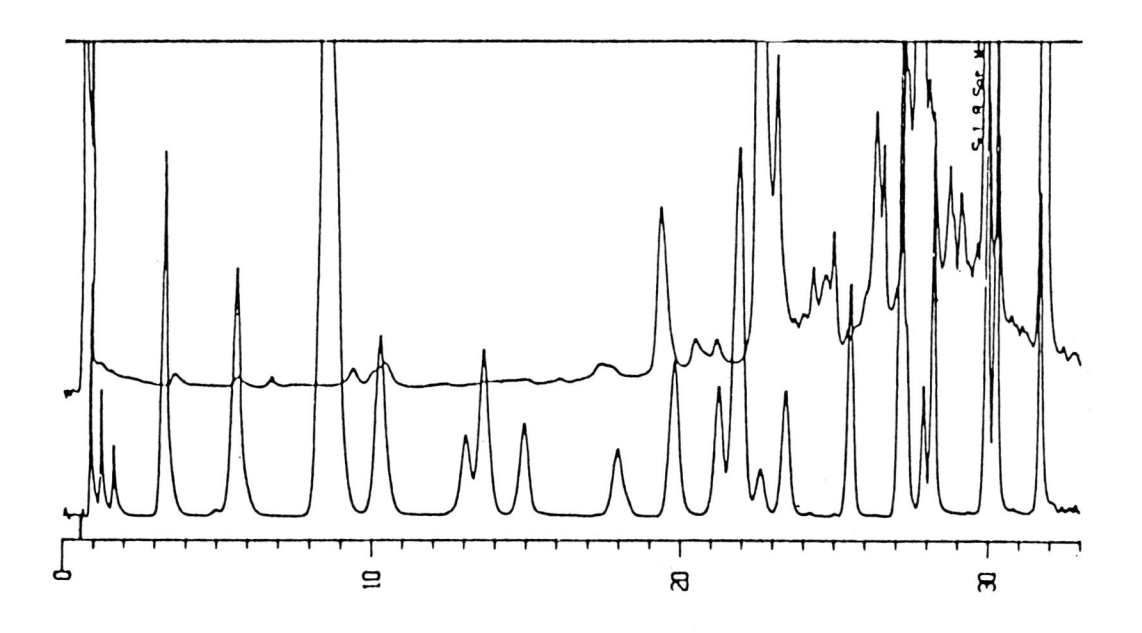

Abbildung 43
Chromatogramm einer Standardlösung und einer Abwasserprobe

Mit zunehmender Anzahl an Chloratomen verschieben sich die Absorptionsmaxima zu höheren Wellenlängen. Phenol besitzt ein Absorptionsmaximum bei 269 nm, Trichlorphenol bei 289 nm und Pentachlorphenol bei 303 nm (siehe Abb. 44).

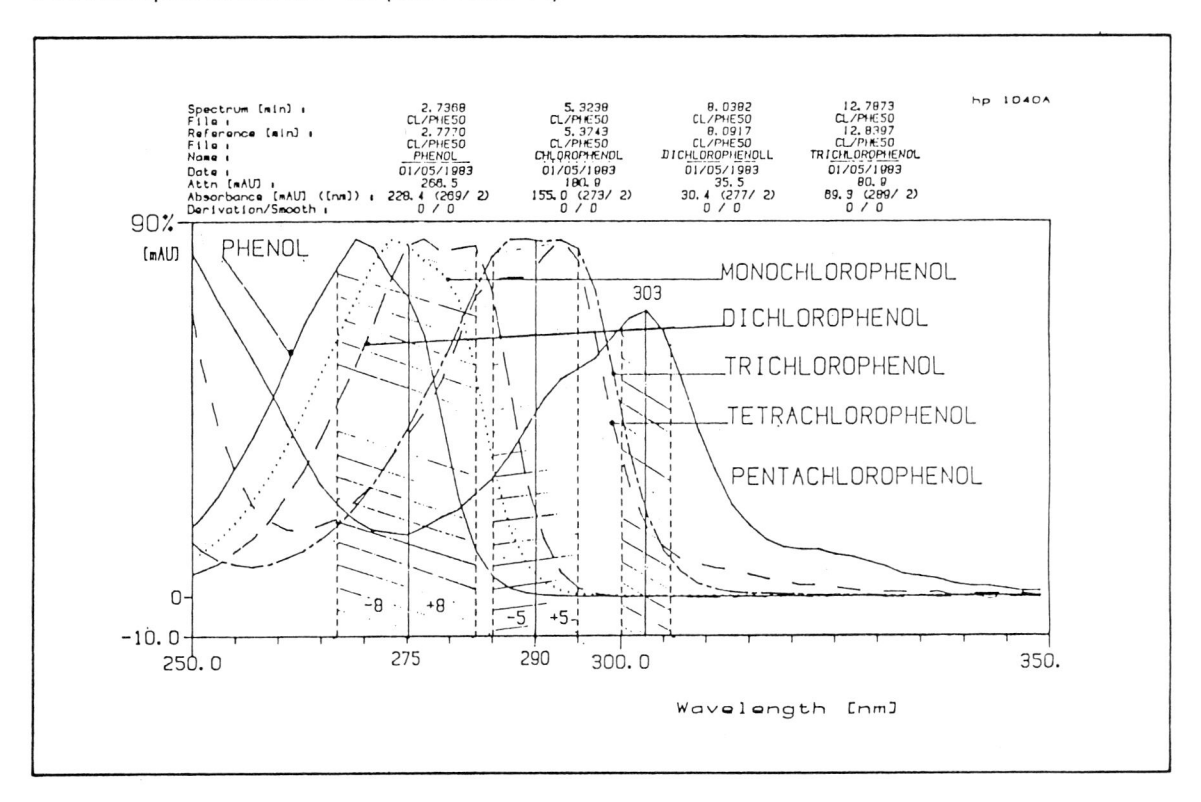

Abbildung 44
Vier UV-Spektren der Chlorphenole

Weitere Informationen:
R. Schuster
„Determination and Identification of Polychlorophenols in Waste Water"

HP 5890A Gaschromatograph mit HP 5988A Massenspektrometer

Die GC-MS-Technik ist heute zu einer Routinemethode für die Identifizierung und Strukturaufklärung organischer Moleküle geworden. Die am häufigsten verwendeten Ionisierungsmethoden sind die Elektronenstoß-Ionisation (EI) und die Chemische-Ionisation (CI). Die Elektronenstoß-Ionisation liefert anhand der Fragmentierungsmuster Informationen über die Struktur. Die Spektren können mit Standardbibliotheken verglichen werden. Die CI-Technik liefert mit dem Reaktandgas (z.B. Ammoniak, Methan) Molekülionen $(M+R)^+$, also Angaben über das Molekulargewicht. Ein schnelles Umschalten zwischen der CI- und der EI-Technik ist möglich.

Am Beispiel einer Standardmischung von Verbindungen der EPA-Liste (Environmental Protection Agency) wird die Leistungsfähigkeit der Massenspektrometrie deutlich (Abb. 45).

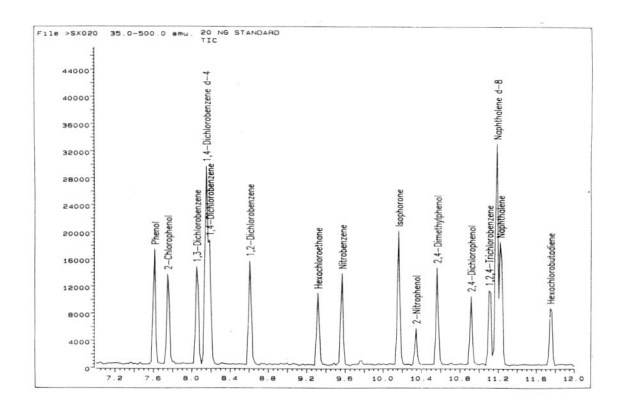

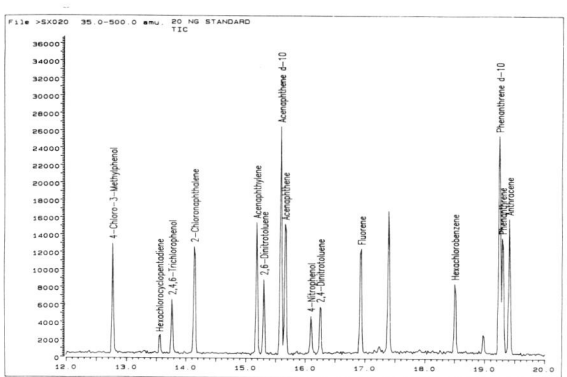

Abbildung 45
Totalionenstromchromatogramme, SCAN-Mode (35-450 amu)
Säule: 25 m x 0,32 mm x 0,25 µm, HP-2 (SE 54)
Temperaturprogramm: 70°C (3 min) - 8°C/min - 300°C (3 min)

4.8 Polycyclische Aromatische Kohlenwasserstoffe

Polycyclische aromatische Kohlenwasserstoffe aus verschiedenen Umweltmaterialien wie Wasser, Boden oder Luft lassen sich mit der Flüssigkeitschromatographie quantitativ bestimmen. Für die Identifizierung der einzelnen Substanzen eignet sich ein Diodenarraydetektor, mit dem die Spektren der Komponenten während der Analyse aufgenommen und hinterher automatisch mit Standardspektren verglichen werden können. Zur sehr empfindlichen und selektiven Messung bietet sich ein Fluoreszenzdetektor an, der eine zeitprogrammierbare Wellenlängenumschaltung besitzt.
Eine weitere Möglichkeit zur Bestimmung der polycyclischen aromatischen Kohlenwasserstoffe liefert die Gaschromatographie mit einem Flammenionisationsdetektor (FID).

Die polycyclischen aromatischen Kohlenwasserstoffe entstehen bei der unvollständigen Verbrennung organischer Verbindungen über Acetylen-Zwischenstufen. Quellen sind Teer, Zigarettenrauch, industrielle oder private Verbrennungsöfen und Autoabgase.
Die Kanzerogenität der PAKs hängt von ihrer Struktur ab. Benzo(a)pyren z.B. ist stark krebserregend, gut untersucht und wird häufig als Leitkomponente verwendet. Im Gegensatz dazu ist das strukturisomere Benzo(e)pyren nicht kanzerogen. Von Kohleheizungen wird besonders Benzo(b)naphto(2,1-d)tiophen emittiert, von Ottomotoren Caclopenta(c,d)pyren. Beide sind kanzerogen, nicht jedoch Coronen, eine Hauptkomponente im Dieselabgas. Um eine Aussage über die Giftigkeit einer PAK-Mischung treffen zu können, ist es daher wichtig, diese Verbindungen nicht nur in Form eines Summenparameters bestimmen zu können, sondern als individuelle Komponenten.

Flüssigkeitschromatographie

HP 1090M Flüssigkeitschromatograph mit Diodenarraydetektor und HP 1046 Fluoreszenzdetektor

Für die Analyse der PAKs zeichnet sich die Hochleistungsflüssigkeitschromatographie durch mehrere Vorteile aus:

1. PAKs sind aufgrund ihres hohen Molekulargewichts schwerflüchtig. Mit der HPLC lassen sich die einzelnen Substanzen bei Raumtemperatur auftrennen. Probleme durch Diskriminierung oder Zersetzung bei höherer Temperatur sind damit ausgeschlossen.

2. Durch Einsatz eines Diodenarraydetektors und Aufnahme der Spektren können zusätzliche Informationen über die eluierenden Peaks erhalten werden.

3. HPLC-Anlagen können mit Fluoreszenzdetektoren gekoppelt werden, die für PAKs äußerst empfindlich und selektiv sind. So können noch Substanzmengen im unteren Picogrammbereich nachgewiesen werden.

Abb. 46 zeigt ein Chromatogramm eines 16 Verbindungen enthaltenen Standards, wovon allerdings nur 14 Komponenten sichtbar sind. Mindestens ein, wahrscheinlich zwei Peaks müssen aus mehr als einer Komponente zusammengesetzt sein. Aufgrund der Peakform kann darüber keine Aussage getroffen werden. Mit Hilfe eines Diodenarraydetektors und einer entsprechenden Computersoftware ist es möglich, die entsprechenden Peaks in kürzester Zeit herauszufinden. Mit dem DAD lassen sich in sehr geringen Zeitabständen Spektren während der Peakelution aufnehmen und abspeichern.

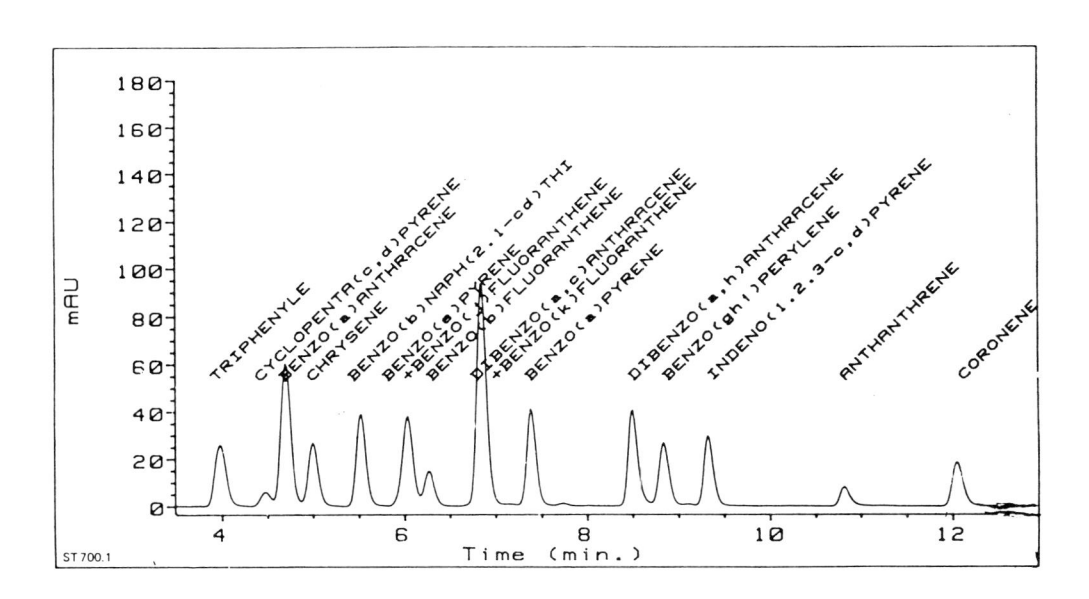

Abbildung 46
Chromatogramm einer Standard PAK-Mischung
Säule: 200 x 2,1 mm, Supelcosil LC-PAH
Mobile Phase: A: Wasser
B: Acetonitril
Gradient: 70 - 100 % B in 14 Minuten
Fluß: 0,4 ml/min
Detektion: 270 nm/40 nm

Abb. 47 zeigt noch einmal das Chromatogramm, zusätzlich im linken oberen Fenster die normalisierten Spektren des Peaks bei 6,85 min. Es handelt sich dabei um die Spektren der ansteigenden Flanke, der Peakspitze und der absteigenden Flanke. Da die Spektren unterschiedlich sind, muß dieser Peak aus mindestens zwei Komponenten zusammengesetzt sein.
Im oberen rechten Teil der Abbildung sind die bei verschiedenen Wellenlängen erhaltenen Signale normalisiert und übereinandergelagert. Auch aus den unterschiedlichen Signalmaxima läßt sich erkennen, daß der Peak aus mehreren Substanzen besteht.

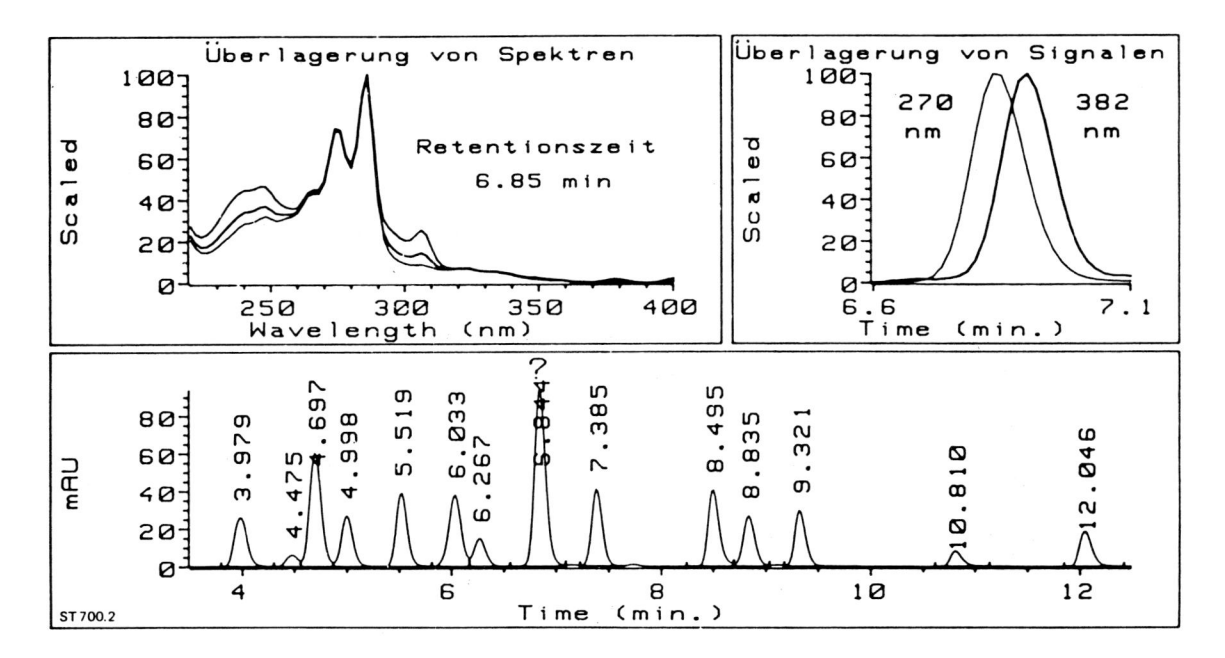

Abbildung 47
Schnelle Peakreinheitsüberprüfung

Mit dem Diodenarraydetektor können Substanzmengen bis 0,2 ng bestimmt werden. Geringere Konzentrationen lassen sich mit dem wesentlich empfindlicheren Fluoreszenzdetektor messen.
Abb. 48 zeigt eine Bodenprobe, parallel mit dem DAD und dem Flureszenzdetektor aufgenommen. Der Unterschied ist deutlich sichtbar.
Um die höchste Empfindlichkeit mit einem Fluoreszenzdetektor zu erzielen, ist es notwendig, die Verbindungen bei den optimalen Anregungs- und Emissionswellenlängen zu messen. Dazu werden bei angehaltenem Fluß die Anregungs- und Emissionsspektren aufgenommen und die Wellenlängen dann während der Analyse zeitprogrammiert umgeschaltet. Als untere Nachweisgrenze für Anthracen und Benzo(a)pyren wurden Konzentrationen kleiner als 1 pg ermittelt.

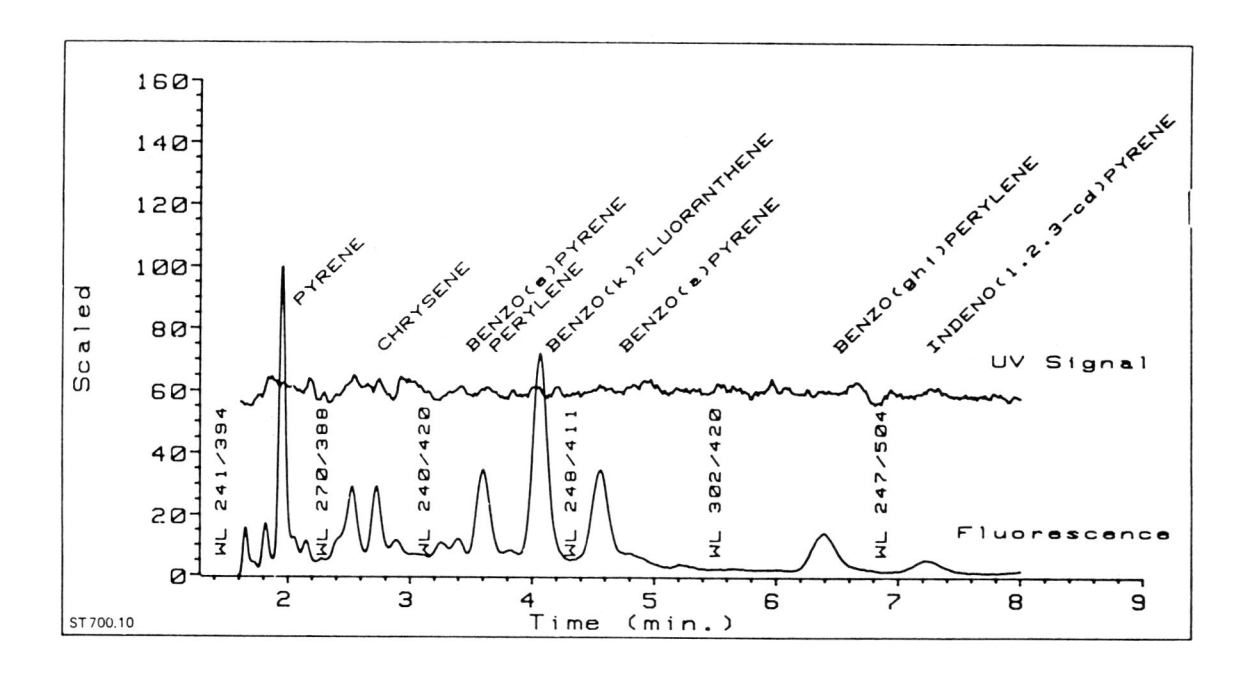

Abbildung 48
Vergleich der Fluoreszenz- und UV-Detektion im Picogrammbereich

Weitere Informationen
L. Huber, B. Glatz, A. Gratzfeld-Huesgen
„Analysis of Polycyclic Aromatic Hydrocarbons with HPLC, UV/VIS Diode-Array and Fluorescence Detection"

Gaschromatographie

HP 5880A und HP 5890A Gaschromatographen mit Flammenionisationsdetektor (FID)

Für die gaschromatographische Analyse der polycyclischen aromatischen Kohlenwasserstoffe, die zumeist in komplexen Matrices vorliegen, werden bevorzugt hochauflösende Dünnschicht-Kapillarsäulen und die On-Column-Probeaufgabetechnik verwendet. Hierbei wird die Probe bei niedrigen Temperaturen direkt auf die Säule aufgegeben, um Diskriminierungen zu vermeiden.

Abb. 49 zeigt anhand eines typischen Test-Chromatogramms den Vergleich der zwei Injektionstechniken: On-Column und Splitless. Die Auflösung ist unverändert, und die Retentionszeiten sind nahezu identisch. Beim Vergleich der relativen Peakhöhen der höher siedenden Komponenten wird allerdings ein deutlicher Unterschied sichtbar. Bei Verwendung der On-Column-Technik sind die Peakhöhen der PAKs nahezu gleich, bei der Splitless-Technik nehmen die Peakhöhen ab 1-Methylanthracen deutlich ab. Eine Diskriminierung der höhermolekularen Verbindungen ist offensichtlich.

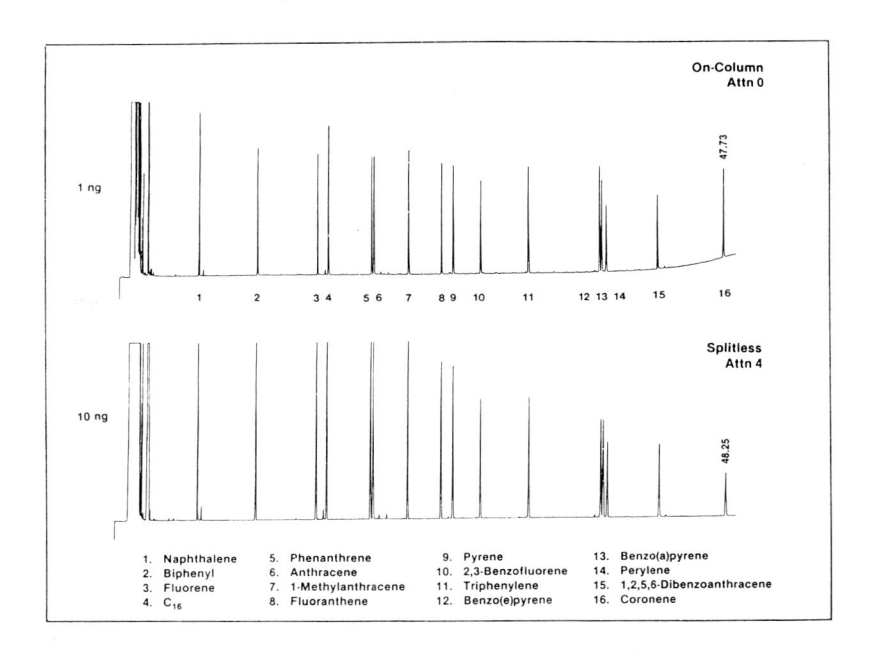

Abbildung 49
Vergleich der zwei Injektionstechniken
Säule: 25m x 0,32mm, crosslinked 5% Phenylmethylsilikon
Trägergas: Wasserstoff (60 cm/sec)
Temperaturprogramm: 60 bis 300°C mit 5°C/min

Abb. 50 macht am Beispiel von Perylen den Unterschied der beiden Probeaufgabentechniken deutlich. Ab einer Einspritzmenge von 50 ng und mehr ist der relative Response für jedes PAK unabhängig von der Injektionstechnik.

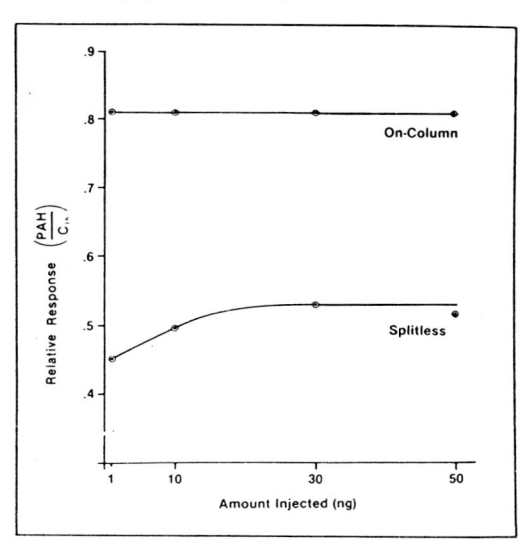

Abbildung 50
Vergleich des relativen Response für Perylene bei On-Column- und Splitless-Injektion

Die erzielbaren Werte für Genauigkeit und Präzision sind in Tabelle 3 aufgelistet. Für jeden polycyclischen aromatischen Kohlenwasserstoff ist der relative Response (relativ zu Hexadecan) berechnet. Obwohl die Anzahl der Injektionen mit n=6 nicht sehr groß gewählt wurde, ist ein deutlicher Trend der Daten abzulesen.

Bei der Splitless-Aufgabetechnik werden relative Standardabweichungen von 2 - 4 % erreicht, bei der On-Column-Technik kleiner 1 %. Diese Werte zeigen, daß zwar die On-Column-Technik ein größeres Maß an Genauigkeit und Präzision bietet, daß aber auch die Splitless-Technik zur Analyse der PAKs eingesetzt werden kann.

PAK	Präzision (10ng/Komponente)			
	On-Column		Splitless	
	Relativer Response	%SD (n = 6)	Relativer Response	%SD (n = 6)
Naphtalin	.867 ± .003	.35	.897 ± .003	.33
Biphenyl	.879 ± .004	.46	.884 ± .001	.08
Fluoren	.823 ± .002	.24	.729 ± .003	.41
C_{16}	1.00	—	1.00	—
Phenantren	.914 ± .002	.22	.791 ± .014	1.77
Anthracen	.830 ± .002	.24	.696 ± .014	2.01
1-Methylanthracen	.875 ± .003	.34	.706 ± .019	2.69
Fluoranthen	.903 ± .005	.55	.697 ± .025	3.59
Pyren	.891 ± .005	.56	.677 ± .024	3.55
2,3-Benzofluoren	.905 ± .009	.99	.582 ± .021	3.61
Triphenylen	.926 ± .009	.97	.636 ± .024	3.77
Benzo(e)pyren	.885 ± .007	.79	.583 ± .025	4.29
Benzo(a)pyren	.885 ± .005	.56	.531 ± .021	3.95
Perylen	.813 ± .004	.49	.498 ± .021	4.22
1,2,5,6-Dibenzoanthracen	.894 ± .005	.56	.421 ± .018	4.28
Coronen	.886 ± .003	.34	.375 ± .014	3.73
Mittelwert Response	.879 ± .033	3.75	.647 ± .152	23.5

Tabelle 3
Relativer Response für 15 PAKs (10 ng) bei On-Column- und Splitless-Injektionstechnik

Weitere Informationen:
M.P. Turner, R.R. Freeman
„High Resolution Quantitative Analysis of Polynuclear Aromatic Hydrocarbons Comparing On-Column and Splitless Injection"

4.9 Schwefelhaltige Verbindungen

Spuren schwefelhaltiger Verbindungen in der Atmosphäre können gaschromatographisch mit einem Flammen-Photometer-Detektor (FPD), der sich durch ein niedriges Detektionslimit und das Fehlen von Interferenzen auszeichnet, bestimmt werden.

Schwefelhaltige Verbindungen repräsentieren eine wichtige Klasse von Umweltgiften. Substanzen wie Schwefelwasserstoff, Mercaptane oder organische Sulfide sind ausgesprochen toxisch. Flüchtige Mercaptane werden zum Beispiel Naturgas als Geruchstoff zugesetzt, um den Verbraucher zu warnen, falls Gas unkontrolliert austritt.

HP 5890 Gaschromatograph mit Flammen-Photometer-Detektor (FPD)

Zur Analyse der schwefelhaltigen Verbindungen wurde eine 1,4 m x 1/8 In. 40/60 Carbopack B HT 100 Säule (Supelco) verwendet. Es wurde ein Temperaturprogramm von 35°C (5 min) auf 100°C, Heizrate 20°C/min, mit Stickstoff als Trägergas gefahren.
Abb. 51 zeigt zwei Beispiele.

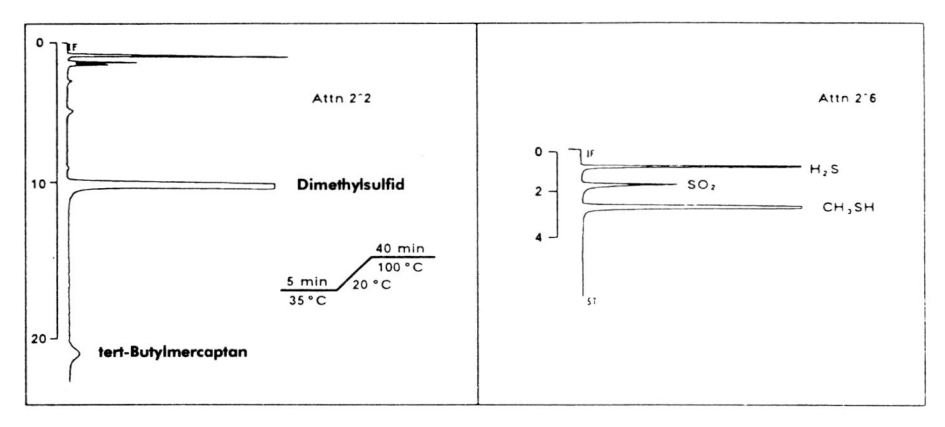

Abbildung 51
Zusatzstoffe für Naturgas (links), synthetische Mischung schwefelhaltiger Gase (rechts)

Weitere Informationen:
M.T. Merrick-Gass
„Analysis of Trace Sulfur Gases in the Atmosphere and in Natural Gas by Gas Chromatography using a Flame Photometric Detector"

4.10 Stickstoffhaltige Verbindungen

Eine Mischung aus Verbindungen, wie Aminen, Amiden, Hydrazinen, Carbamaten sowie Phenolen, Ketonen (EPA VIII Verbindungen), kann mit der Hochleistungsflüssigkeitschromatographie getrennt und massenspektrometrisch über eine Thermospray-Kopplung identifiziert werden.

Viele der oben genannten Verbindungen sind thermisch labil oder nichtflüchtig. Eine Analyse mit der Gaschromatographie scheidet also aus. Die Flüssigkeitschromatographie erlaubt dagegen eine Identifizierung der einzelnen Komponenten über die Retentionszeit und die Thermospray-Ionisation. Thermospray ist eine Interface-Technik, die es ermöglicht, die Probe im HPLC-Eluenten direkt in das Massenspektrometer zu bringen. Durch die Verwendung von Elektrolyten in der mobilen Phase, z.B. Ammonium-Acetat-Puffer, werden in der flüssigen Phase aus den zu untersuchenden Substanzen solvatisierte Ionen gebildet. Die HPLC-Strömung gelangt durch ein geheiztes Rohr in eine spezielle Verdampfungskammer der Ionenquelle des Massenspektrometers. Aus dem entstehenden Spray lassen sich die Ionen durch elektrische Felder selektiv herausziehen, fokussieren und einer Massenanalyse ins Quadrupol-Massenfilter zuführen.

Die Thermospray-Methode eignet sich sehr gut für polare, nichtflüchtige, thermisch labile Moleküle. Bei einigen Verbindungen läßt sich im SCAN-Betrieb (Totalionenstromchromatogramm) eine Empfindlichkeit im Nanogramm-Bereich und bei SIM (Selected Ion Monitoring) eine solche im Picogrammbereich erzielen.

Abb. 52 zeigt das Totalionenchromatogramm (TIC) einer Mischung von 15 Komponenten des EPA Appendix VIII. Die unterschiedlichen Responsefaktoren resultieren aus der unterschiedlichen Protonenaffinität der einzelnen Komponenten.

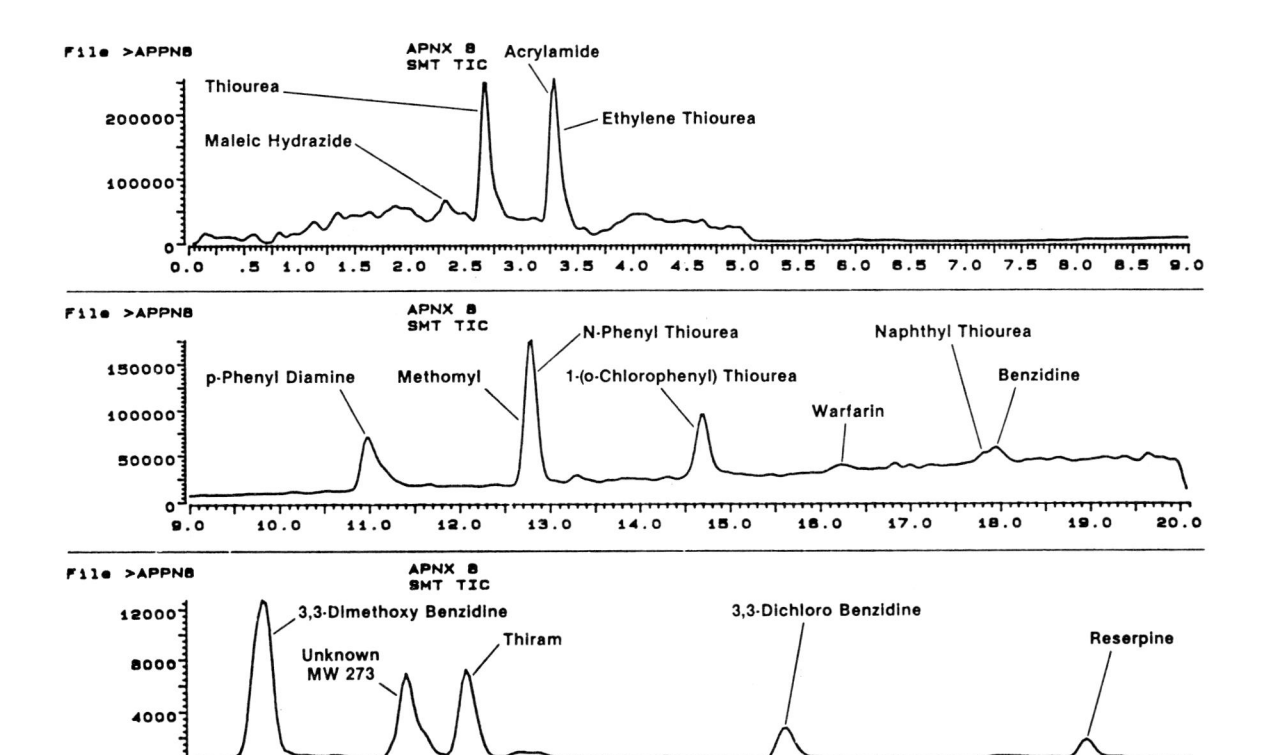

Abbildung 52
Totalionenstromchromatogramm einer synthetischen Mischung (100 ng/µl) pro Komponente
Säule: 150 x 4,6 mm, Spherisorb S-3-ODS-2
Mobile Phase: A: 0,1 m Ammonium-Acetat-Puffer
B: Acetonitril
Gradient: 50 - 95 % B in 35 min
Fluß: 0,6 ml/min

Während das Totalionenstromchromatogramm nur schwache Signale zeigt, sind die extrahierten Ionenprofile (EIP) der Moleküladduktionen sehr deutlich. Maleinhydrazid zum Beispiel ist im TIC kaum als Peak erkennbar (Abb. 52). Über das extrahierte Ionenprofil (Abb. 53) kann der Peak aber einfach identifiziert werden. Die häufigsten Adduktionen, die diese Verbindungen liefern, sind $(M+H)^+$ oder $(M+NH_4)^+$. Teilweise erscheint als dritte Adduktion $(M+H^+ACN)^+$. Diese Molekülionen erhöhen die Sicherheit der Identifikation.

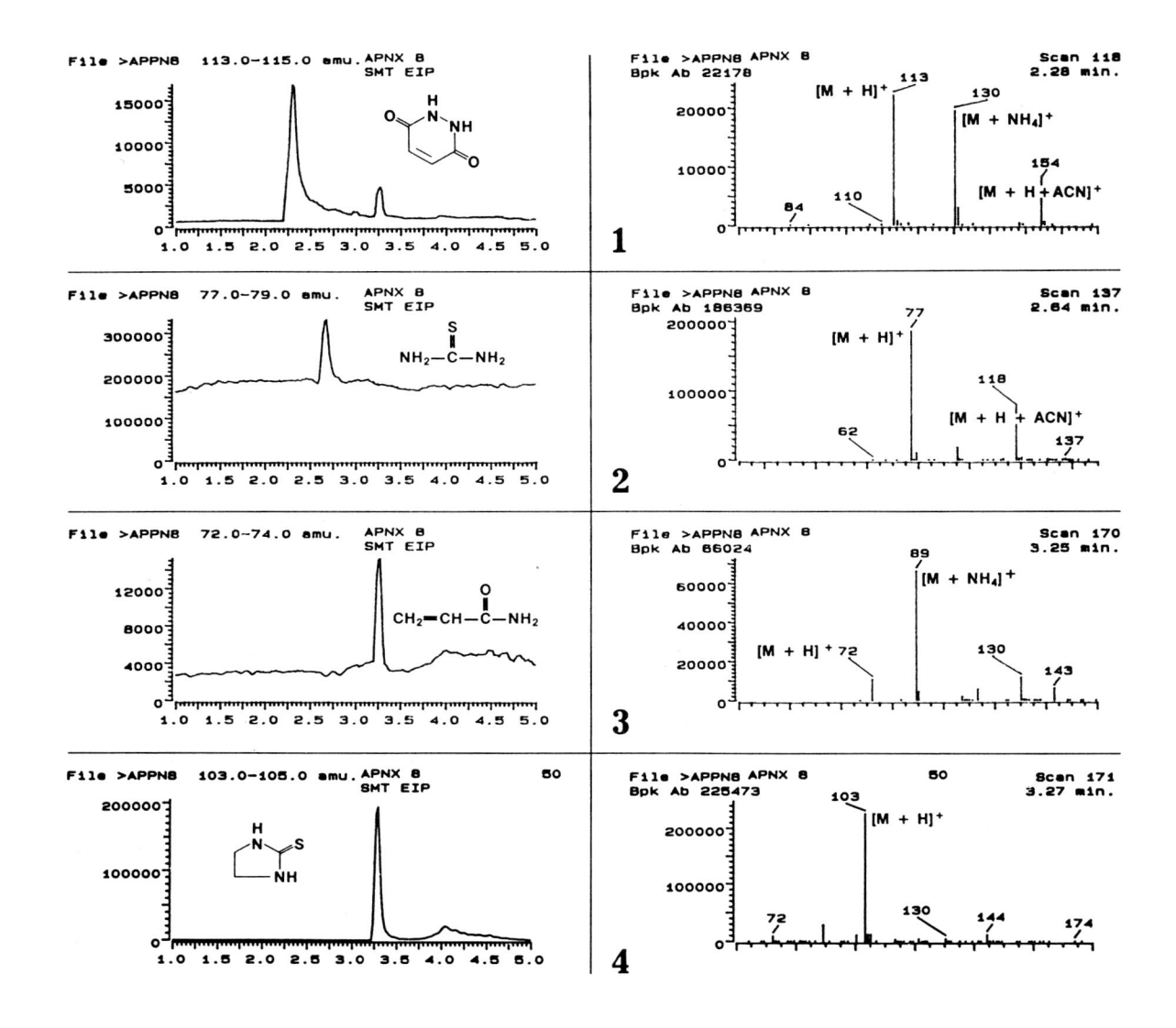

Abbildung 53:
Maleinhydrazid, Thioharnstoff, Acrylamid, Ethylenthioharnstoff

Weitere Informationen:
P.C. Goodley
„Compilation of Thermospray Massspectra "

P.C. Goodley, J. Thorp
„Thermospray LC/MS of EPA Appendix VIII Compounds"

5. Umwelt-Informations-System UIS

Ein UIS hat die Aufgabe, über Daten der Umwelt zu informieren. Dazu ist erforderlich, umweltrelevante Daten aufzunehmen, zu speichern und in angeforderten Formaten zusammenzustellen. Die umweltrelevante Information kann aus Vorschriften, gesetzlichen Eintragungen oder aus vorgesehenen Grenzwerten bestehen, die umweltrelevante Information kann aber auch die Meßwerte selber beinhalten.

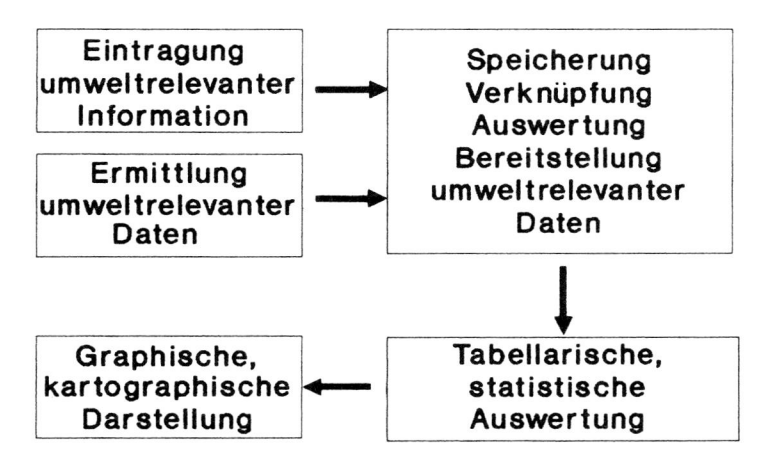

Abbildung 1
Daten und Information im UIS

Meßwerte können durch die verschiedensten Sonden oder Meßgeräte ermittelt werden, zu einem zentralen Datenträger übertragen und an jedem Bildschirm in Tabellenform, in Statistiken mit Auswertegraphiken oder in topographischer Form dargestellt werden. Durch die Benutzung eines UIS werden Aufgaben schneller und effektiver erledigt. Ein UIS besteht aus einem zentralen Computer mit einer übergreifenden Datenbank und angeschlossenen Bedieneinheiten wie Bildschirmen, Personal Computern, Druckern, Plottern. Kleinere UIS können als eigenständige Vorort-Einheiten Teilaufgaben eines gesamten UIS übernehmen und die ermittelten Daten an das große UIS überstellen. Der Datentransfer auf heutigen Industriestandards ist auf diesen Ebenen sichergestellt. Dadurch kann ein rationeller und wirtschaftlicher Einsatz von Computerlösungen auch in Teilschritten realisiert werden.

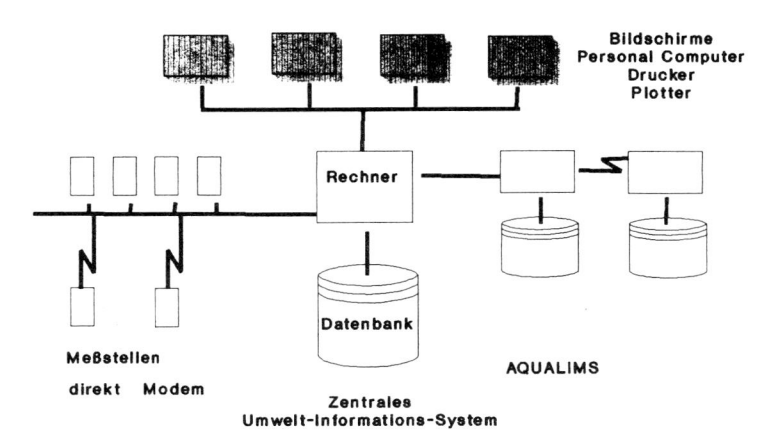

Abbildung 2
Umwelt-Informations-System

Die rasche Bereitstellung von punktuellen und zusammengefaßten umweltrelevanten Daten für den Schadstoff- und Belastungsfall ist auf verschiedensten Ebenen sichergestellt. Eine ständige Verfolgung der aktuellen Situation ist auch über Entfernungen und auf anderen Computerebenen möglich. Das aktuelle Auftreten und die übersichtliche Bereitstellung von umweltrelevanten Daten und Ergebnissen wird in verschiedenen Formen, Tabellen, Statistiken, Geschäftsgraphiken, Landkarten erreicht. Zusammenhänge zwischen Schäden, Faktoren, Meßergebnissen und Gesetzen lassen sich leicht in jeder Richtung zusammenstellen. Zustandsdaten zur Umweltsituation können in Zeitreihen bereitgestellt werden, dadurch werden umweltrelevante Planungen beschleunigt und verbessert und führen zu kürzeren Bearbeitungszeiten.

6. AQUALIMS, ein Datenbanksystem für das Wasserlabor
Teilbereich eines umfassenden Umwelt-Informations-Systems (UIS)

Der gesamte Komplex eines Umwelt-Informations-Systems (UIS) kann in Teilsysteme zerlegt werden, um eine leichte Realisierung und reibungslose Einführung zu gewährleisten. Ein Teilaspekt eines UIS ist das AQUALIMS, ein Labor-Informations-Management-System für das Wasserlabor. AQUALIMS ist mit feststehenden Richtlinien, Verordnungen und Gesetzen ausgerüstet und definiert. Die Parameter stammen aus bekannten Verordnungen. Wenn Grenzwerte existieren, sind sie eingetragen und warnen den Benutzer bei Übertreten. Arbeitsvorschriften, Grenzwerte und Schlüssel können, soweit bekannt, bei Bedarf direkt im System abgefragt werden. Diese Einträge sind in AQUALIMS hinterlegt und können vom Anwender zusätzlich nachgetragen werden.

Um in einem analytischen Labor den Datenanfall, die Auslastung oder die Kosten zu kontrollieren, werden auf herkömmliche Weise Probenbücher geführt. Diese Arbeit kann heute ein Labor-Informations-Management-System, kurz LIMS genannt, abnehmen. LIMS hat sich in kurzer Zeit zu einem Standardbegriff stilisiert, wie es in der Computerbranche das CAD oder CIM tat. Ein LIMS ist für viele Arten von Labors geschaffen, wie zum Beispiel in der Prozeßkontrolle als auch in Auftragslabors und das in Gebieten wie der Petrochemie, der pharmazeutischen Chemie, der Lebensmittelanalytik oder der Umweltanalytik. Der Unterschied ist nur die Sprache und die Probenabwicklung in diesen unterschiedlichen Labors. Eine genau vordefinierte LIMS-Version stellt AQUALIMS dar, es ist eingerichtet für analytische Wasserlabors.

Basierend auf einem Computersystem, das den Anschluß von mehreren Teilnehmern erlaubt, kann AQUALIMS die zentrale Datenstelle für den Eintrag und die Abfrage aller im Labor anfallenden Daten sein. Die Hardware ist der Computer mit seinen Bedienelementen, den Bildschirmen, Personal Computern, Strich Code Lesern, Druckern und den eventuell angeschlossenen Analysengeräten. Die AQUALIMS-Software selbst besteht aus verschiedenen Modulen, zu denen bei einem Multi-User-System unterschiedliche Gruppen von Mitarbeitern Zugriff haben. Die Flexibilität dieser Module bestimmt den Umfang und den Komfort von AQUALIMS.

Die Zugriffsmodule umfassen sowohl Ablaufroutinen, die den Probenablauf organisieren als auch Suchroutinen, die die unterschiedlichsten Zusammenstellungen der Daten erlauben. Desweiteren gibt es Textgeneratoren und Dienstprogramme, die das System kontrollieren. Im Hintergrund von AQUALIMS steht eine Datenbank, in die alle Daten nach Definition eingetragen werden. Die Ablaufroutinen führen die Probenverwaltung und das Datenmanagement durch, das ist auch gleichzeitig die Benutzeroberfläche im analytischen Wasserlabor.

Die Organisation des Systems ist meßstellenorientiert. Auf einer übergeordneten Ebene werden die Meßstellen mit den zugeordneten Meßprofilen geführt und auf Anfrage entsprechend vorgeschlagen. Das gilt für die Bereiche Rohwasser, Oberflächenwasser, Niederschlagswasser und Grundwasser, für die Wasserversorgung, Wasserwerkskontrolle und Abwasserüberwachung.

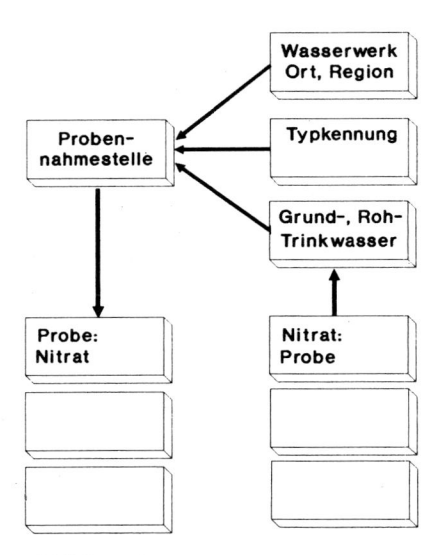

Abbildung 3
Organisationsschema AQUALIMS

Nach Anlage der Meßstellen schlägt das System entsprechend vordefinierte Untersuchungsprofile und zeitliche Zyklen für die Probenentnahme vor. Das beinhaltet auch die Erstellung eines entsprechenden Formulars. Der Probennehmer kann darauf ersehen, welchen Flaschentyp er zur Probenentnahme benötigt. Überdies sind die vor Ort hinzuzufügenden Parameter aufgelistet. Parallel dazu wird die Probe mit allen Anforderungen entsprechend des Untersuchungsauftrages für das Labor aktiv.

Die Probe wird registriert und mit den bekannten Daten in die Datenbank eingetragen. Bekannt sind im allgemeinen die Stammdaten. Das sind Daten, die die Probe identifizieren, z.B. Probenzieher, Verpackungsart, Probenort, Menge, Gewässerart usw. Gleichzeitig können auch die erforderlichen Messungen angegeben werden. Dabei kann man für eine Gruppe von Proben oder für eine Probenreihe diese Messungen vordefinieren. Die Messungen lassen sich in logische und systematische Gruppen zusammenfassen. Ist bekannt, an welchem Gerät diese Messungen durchgeführt werden sollen, kann dadurch gleich die Auslastung des Gerätes geprüft werden und das Ergebnis online vom Gerät übertragen werden.

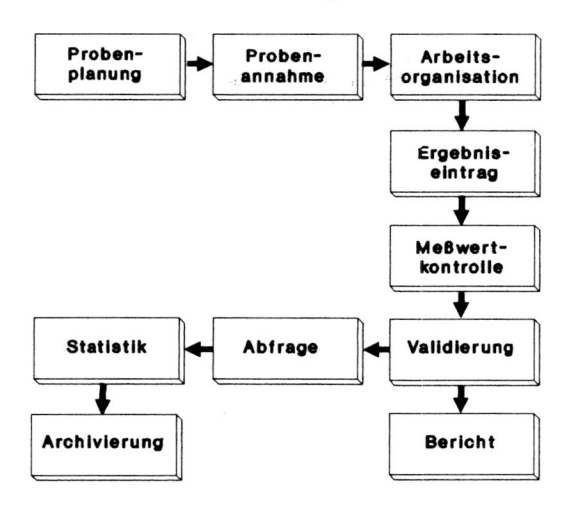

Abbildung 4:
Ablaufschema AQUALIMS

Zur Probenerfassung werden Etiketten und Listen ausgegeben. Die Listen können proben- oder geräteorientiert angeordnet werden. Die Listen wandern mit der Probe durch das Labor. Jeder Mitarbeiter trägt seine Meßwerte in die Liste und zugehörig in den Erfassungsdialog am Bildschirm. Die Geräteliste kann gleichzeitig als Bestückung für den Probengeber dienen.

Eingegebene Ergebnisse werden auf gesetzliche Vorschriften und Bestimmungen hin überprüft. Bekannte Grenzwerte und Dimensionen sind in AQUALIMS enthalten und werden bei Eintrag überprüft und gegebenenfalls bei Übersteigungen sofort angezeigt. Gesetzliche Arbeitsvorschriften können bei der Bearbeitung abgefragt werden und dienen dadurch zur besseren Einhaltung. Kennzahlen, zu benutzende Schlüssel, Fachbehörden können jeweils an der einzugebenden Stelle in einer Bibliothek nachgeschlagen werden.

AQUALIMS verfügt über einen Reportgenerator, der Berichte über Einzelproben, Probenreihen oder Probenzusammenfassungen ausdruckt. Die Berichte sind frei gestaltbar und wiederholt zu verwenden. Die Berichte können in einen Personal Computer übertragen und dort in einem Textverarbeitungsprogramm weiter verarbeitet werden. Probenzusammenstellungen über einen längeren Meßzeitraum mit statistischer Auswertung sind möglich. So kann ein Bericht aller Nitratwerte, die eine bestimmte Marke überschritten hatten, mit der zugehörigen Information wie Probenort, Datum, usw. ausgedruckt werden.

Dieses Verfahren dient der Ursachenforschung. Die Betrachtung über eingegrenzte geographische Gebiete, Verteilungen auf die einzelnen Meßstellen, Trendaussagen und Tendenzen sowie viele andere übergeordnete Funktionen dienen dazu, einen Verursacher ausfindig zu machen oder Verunreinigungswolken zu kontrollieren. Durch den Anschluß an ein graphisches System wird die kartographische Auswertung am Bildschirm direkt geschehen. Man kann sich dann zum Beispiel den Nitratverlauf in der Mosel von Trier nach Koblenz auf der Landkarte am Bildschirm anschauen.

AQUALIMS ist vorbereitet, um an Netzwerke, die unter Standards laufen, angeschlossen zu werden. LAN und WAN bieten vielfältige Kommunikationsmöglichkeiten und erleichtern den Informationsaustausch. Anschluß von übergeordneten Rechnern und damit Anpassung in ein bestehendes Datennetz ist auf diesen Standards möglich. Anschluß von untergeordneten Rechnern, die zum Beispiel der Übertragung von Meßdaten dienen, sind ebenfalls auf Standards leicht möglich. Damit ist AQUALIMS zu einem Teil eines Umwelt-Informations-Systems geworden.

Weitere Informationen:

„AQUALIMS-Das schlüsselfertige Labor-Informations-und Management-System für Ihr Wasserlabor."

A. Beer
„LIMS-Eine Kosten-Nutzen-Betrachtung"
LP-Spezial (1989)

D. Lipinski
„Konzeptionelle Laborautomation"
FETT,FAT 91, S. 569 (1989)

Literatur zu Kapitel 1-3

[1] Verordnung über Trinkwasser und über Wasser für Lebensmittelbetriebe (Trinkwasserverordnung - TrinkwV) vom 22.05.1986, BGB1 I, S. 760 - 773.

[2] Deutsche Einheitsverfahren zur Wasser-, Abwasser- und Schlamm-Untersuchung (DEV). Neueste Lieferung (1989).

[3] **Brauch, H.-J. und Schullerer, S.:** Analysenreports 89/1 - 7: Bestimmung von PSM-Wirkstoffen in Wässern, DVGW-Forschungsstelle am Engler-Bunte-Institut, Universität Karlsruhe (TH) (1989).

[4] **Grob, K. und Zürcher, F.:** Stripping of trace organic substances from water. Equipment and procedure. J. Chromatogr. 117, S. 285 - 294 (1976).

[5] **Milde, G. und Friesel, P. (Herausgeber):** Grundwasserqualitätsbeeinflussungen durch Anwendungen von Pflanzenschutzmitteln. Schriftenreihe Verein WaBoLu 68, Gustav Fischer Verlag, Stuttgart (1987).

[6] **Milde, G. und Müller-Wegener, U. (Herausgeber):** Pflanzenschutzmittel und Grundwasser. Schriftenreihe Verein WaBoLu 79, Gustav Fischer Verlag, Stuttgart (1989).

[7] **Quentin, K.E.; Grandet, M. und Weil, L.:** Pestizide und Trinkwasserversorgung. DVGW-Schriftenreihe Wasser 53 (1987).

Literatur zu Kapitel 4

[1] **Buffington, R.:** GC Atomic Emission Spectroscopy Using Microwave Plasma. Hewlett-Packard Publikations-Nummer 5921-90100.

[2] **Duncan, W. P.:** Industrial Solvents. Hewlett-Packard Application Note 23-5954-0657.

[3] **Duncan, W. P.:** Priority Pollutants. Hewlett-Packard Application Note 23-5954-0655.

[4] **Goodley, P. C.:** Compilation of Thermospray Massspectra. Hewlett-Packard Publikations-Nummer 5955-5373.

[5] **Goodley, P. C.:/Thorp, J.:** Thermospray LC/MS of EPA Appendix VIII Compounds.

[6] **Huber, L./Glatz, B./Gratzfeld-Huesgen, A.:** Analysis of Polycyclic Aromatic Hydrocarbons with HPLC, UV/VIS Diode-Array and Fluorescence Detection. Hewlett-Packard Application Note 12-5954-6281.

[7] **Merrick-Gass, M. T.:** Analysis of Trace Sulfur Gases in the Atmosphere and in Natural Gas by Gas Chromatography using a Flame Photometric Detector. Hewlett-Packard Application Note 43-5954-7617.

[8] **Owen, A. J.:** Diodenarray-Technologie in der UV/VIS-Spektroskopie. Hewlett-Packard Application Note 12-5954-8912 GE.

[9] **Schulz, J.:** Dem Dioxin auf der Spur. In: LP-Special (1986), S. 85-89.

[10] **Schulz, J.:** Abwasseranalytik mit dem Massenselektiven Detektor. In: Wasser, 69. Jg. (1987), S. 49-60.

[11] **Schulz, J.:** Bestimmung von stickstoffhaltigen Herbiziden und Atrazin Metaboliten in Wasser.

[12] **Schulz, J.:** GC-MS Analyse von Organochlorpestiziden und PCB.

[13] **Schulz, J.:** Nachweis und Quantifizieren von PCB mit dem Massenselektiven Detektor. In: LP-Special (1988), S. 144-151.

[14] **Schuster, R.:** Trace Determination of Atrazine and some of its Degration Products. Hewlett-Packard Application Note 12-5954-9893.

[15] **Schuster, R.:** Determination and Indentification of Polychlorophenols in Waste Water. Hewlett-Packard Application Note 12-5953-0085.

[16] **Turner, M. P./Freemann, R. R.:** High Resolution Quantitative Analysis of Polynuclear Aromatic Hydrocarbons Comparing On-Column and Splitless Injection. Hewlett-Packard Application Note 43-5953-1679.

[17] **Vogt, J.:** Spezifisch in kurzer Zeit. In: Chemische Rundschau, 35. Jg. (1986), S. 6.

[18] **Wylie, P. L.:** Trace Analysis of Volatile Compounds in Water using the HP 19395A Headspace Sampler. Hewlett-Packard Application Note 43-5953-1820.

[19] **Wylie, P. L.:** Specific Detection of Lead in Gasoline by Gas Chromatography using the Hewlett-Packard 5921A Atomic Emission Detector. Hewlett-Packard Publikations-Nummer 5959-8706.

Literatur zu Kapitel 5-6

[1] AQUALIMS - Das schlüsselfertige Labor-Informations- und Management-System für Ihr Wasserlabor. Hewlett-Packard Publikations-Nummer 0689-0413 GE.

[2] **Beer, A.:** LIMS-Eine Kosten-Nutzen-Betrachtung. In: LP-Special (1989). Hewlett-Packard Publikations-Nummer 0689-0421 GE.

[3] **Lipinski, D.:** Konzeptionelle Laborautomation. In: FETT (1989), 91. Jg., S. 493-576. Hewlett-Packard Publikations-Nummer 0689-0412 GE.